专项职业能力考核培训教材

静观蜡梅种苗繁育

重庆市职业技能鉴定指导中心
重庆市北碚区静观镇人民政府
组织编写

中国劳动社会保障出版社

图书在版编目（CIP）数据

静观蜡梅种苗繁育 / 重庆市职业技能鉴定指导中心，重庆市北碚区静观镇人民政府组织编写. -- 北京：中国劳动社会保障出版社，2024. --（专项职业能力考核培训教材）. -- ISBN 978-7-5167-6788-7

Ⅰ. S685.990.4

中国国家版本馆 CIP 数据核字第 2024DF5779 号

中国劳动社会保障出版社出版发行

（北京市惠新东街 1 号　邮政编码：100029）

*

北京市白帆印务有限公司印刷装订　　新华书店经销

787 毫米 ×1092 毫米　16 开本　5.5 印张　102 千字

2024 年 12 月第 1 版　　2024 年 12 月第 1 次印刷

定价：22.00 元

营销中心电话：400-606-6496

出版社网址：https://www.class.com.cn

本书编委会

主　任　王华源

副主任　宋　琦　王　勇

委　员　刘珊珊　邓仁康　罗统碧　贺贵川　李忠良

本书编审人员

主　编　张　蓉　邱砺锋

副主编　陈远达

编　者　杨灿芳　眭顺照　潘渝冬　李丽娜　庞巧莹　刘支勇

主　审　赖甫娟

审　稿　李　伟

前　言

职业技能培训是全面提升劳动者就业创业能力、促进充分就业、提高就业质量的根本举措，是适应经济发展新常态、培育经济发展新动能、推进供给侧结构性改革的内在要求，对推动大众创业万众创新、推进制造强国建设、推动经济高质量发展具有重要意义。

为了加强职业技能培训，《国务院关于推行终身职业技能培训制度的意见》（国发〔2018〕11 号）、《人力资源社会保障部　教育部　发展改革委　财政部关于印发“十四五”职业技能培训规划的通知》（人社部发〔2021〕102 号）提出，要完善多元化评价方式，促进评价结果有机衔接，健全以职业资格评价、职业技能等级认定和专项职业能力考核等为主要内容的技能人才评价制度；要鼓励地方紧密结合乡村振兴、特色产业和非物质文化遗产传承项目等，组织开发专项职业能力考核项目。

专项职业能力是可就业的最小技能单元，劳动者经过培训掌握了专项职业能力后，意味着可以胜任相应岗位的工作。专项职业能力考核是对劳动者是否掌握专项职业能力所做出的客观评价，通过考核的人员可获得专项职业能力证书。

为配合专项职业能力考核工作，在人力资源社会保障部教材办公室指导下，重庆市职业技能鉴定指导中心组织有关方面的专家编写了专项职业能力考核培训教材。教材严格按照专项职业能力考核规范编写，内容充分反映了专项职业能力考核规范中的核心知识点与技能点，较好地体现了科学性、适用性、先进性与前瞻性。相关行业和考核培训方面的专家参与了教材的编审工作，保证了教材内容与考核规范、题库的紧密衔接。

专项职业能力考核培训教材突出了适应职业技能培训的特色，不但有助于读者通过考核，而且有助于读者真正掌握相关知识与技能。

本教材在编写过程中得到了重庆市北碚职业教育中心的大力支持与协助，教材中部分图片由西南大学眭顺照教授和重庆市北碚职业教育中心况鹏鸣老师提供，在此一并表示感谢。

教材编写是一项探索性工作，由于时间紧迫，不足之处在所难免，欢迎各使用单位及读者提出宝贵意见和建议，以便教材修订时补充更正。

目　录

培训任务 1　蜡梅的基本知识

学习单元 1　蜡梅的特征与习性……2

测试题……8

测试题参考答案……9

学习单元 2　蜡梅的品种分类……10

测试题……17

测试题参考答案……18

培训任务 2　蜡梅的种苗繁育技术

学习单元 1　压条……20

测试题……29

测试题参考答案……30

学习单元 2　嫁接……31

测试题……41

测试题参考答案……42

学习单元 3　扦插……43

测试题……48

测试题参考答案……49

学习单元 4　播种 …… 50
测试题 …… 54
测试题参考答案 …… 54

培训任务 3　蜡梅的种植养护技巧

学习单元 1　蜡梅的种植 …… 56
测试题 …… 62
测试题参考答案 …… 63
学习单元 2　蜡梅露地种植的养护管理 …… 64
测试题 …… 71
测试题参考答案 …… 72
学习单元 3　蜡梅盆栽种植的养护管理 …… 73
测试题 …… 76
测试题参考答案 …… 77

附录 1　静观蜡梅种苗繁育专项职业能力考核规范 …… 78
附录 2　静观蜡梅种苗繁育专项职业能力培训课程规范 …… 80

培训任务 1

蜡梅的基本知识

任务目标

熟悉蜡梅的形态特征。
了解蜡梅的生态习性。
能够识别蜡梅的常见品种。

学习单元 1

蜡梅的特征与习性

一、蜡梅的特征

蜡梅以其独特的外观和芳香气味著称，其形态特征主要如下。

1. 植株

蜡梅是蜡梅科蜡梅属的落叶灌木植物。叶期的蜡梅如图 1–1 所示。花期的蜡梅如图 1–2 所示。

图 1–1　叶期的蜡梅

图 1–2　花期的蜡梅

2. 叶片

蜡梅叶片是单叶对生，形状为椭圆形或长圆形，叶表有短刚毛，手感极粗糙。叶片顶端急尖至渐尖，有时具有尾尖，基部急尖至半圆形。蜡梅叶片如图 1–3 所示。

图 1–3　蜡梅叶片

3. 花朵

蜡梅先开花后长叶，花朵散发芳香气味，直径在 2 ~ 4 cm，单生。花被片呈圆形、长圆形或倒卵形，多轮生，具有蜡质感，多为黄色，部分内部有红色系纹路。蜡梅花朵如图 1–4 所示。蜡梅花期多在 11 月至翌年 3 月。蜡梅在冬季或春季开花，傲霜斗寒，具有坚韧向上的精神象征。

因为蜡梅的花朵着生于 1 年生枝条叶腋内，所以剪取大量枝条做切花不会影响植株来年的生长。

图 1–4　蜡梅花朵（西南大学眭顺照教授提供）

4. 果实和种子

蜡梅果实是蒴果，果托近木质化，呈坛状或倒卵状椭圆形，口部收缩，具有钻状披针形的被毛附生物。蜡梅果期在4—11月，果实在7—8月变干、成熟开裂。蜡梅种子呈长椭圆形，颜色为褐色至深褐色。蜡梅果实和种子如图1-5所示。

图1-5　蜡梅果实和种子

二、蜡梅的习性

1. 蜡梅的生态习性

（1）光照。蜡梅喜欢充足的阳光，应选择向阳背风的地方种植。居家种植蜡梅时，可以将其置于阳台，因为阳台充足的光线能促进蜡梅植株健壮、花朵盛放。

（2）温度。蜡梅耐寒性较强，能在冬季低温环境下生长，但适宜的生长温度在15～25 ℃。

（3）水分。蜡梅对水分的需求量不是很高，过多的水分会导致其根部腐烂。因此，浇水要适量，保持土壤微湿即可，避免积水烂根。

（4）空气。良好的通风条件对蜡梅的生长非常重要。通风良好可避免因空气潮湿引起的病虫害。同时，良好的通风条件可以在秋冬季节加速落叶，避免枯叶滞留在枝条上而影响观花效果。

（5）肥料和土壤。适量施用有机肥料可以促进蜡梅健康生长。在生长季节可以适当施肥，但在花后和秋末应减少施肥量。

蜡梅适宜在排水良好、肥沃的沙质土壤中生长。土壤pH值以中性或微酸性为佳。

2. 蜡梅的生长习性

（1）蜡梅的生命周期。蜡梅的生命周期可以划分为幼年期、青年期、壮年期和衰老期。各个时期蜡梅的生长发育有不同的特点，养护管理也有不同的重点。

1）幼年期。幼年期是指从种子播种萌芽开始，到具备开花潜能的这段时期。在这个时期，蜡梅开始适应环境，树干生长积累，树冠逐渐扩大，枝条增多，准备开花结果。幼年期的养护管理重点如下：加强肥水；注意整形，轻修剪多留枝，使蜡梅具有良好的树体结构，以形成地上的树冠和骨干枝，为制造和积累大量营养物质打下基础。

通常需要 4 ~ 5 树龄的时间，蜡梅才会进入开花阶段。特别强调，用扦插、压条或嫁接等营养方法繁殖的蜡梅苗，其生理年龄要加上母树的生理年龄，因此，这类蜡梅苗没有幼年期，开花、结果会更早。

2）青年期。青年期通常开始于蜡梅第一次开花，此后植株快速生长、逐渐成熟，开始进行生殖生长。蜡梅的这个时期一般在 6 ~ 10 树龄。青年期的养护管理重点如下：适当稀植，扩大营养空间；合理整形修剪，调节植株长势，培养骨干枝，逐步形成树体特有的结构、树高和冠幅；保证肥水，为壮年期的大量开花打下基础。

3）壮年期。壮年期是蜡梅生长最旺盛的时期，其树冠丰满，每年都会有大量花朵开放，花色鲜艳，花香浓郁。壮年期是蜡梅观赏价值、经济价值最高的时期。蜡梅的这个时期一般在 10 ~ 80 树龄，部分可达上百树龄。由于蜡梅种植条件、管理方式不同，因此壮年期的保持差异极大。例如，作为切花生产的植株，每年切花造成的伤害逐年积累，对壮年期的保持影响较大。又如，营养苗生理年龄较大，部分在 40 ~ 50 树龄就表现老态，叶斑多，生长量、出花量减少。壮年期的养护管理重点如下：剪除病虫枝、老弱枝、重叠枝、下垂枝和干枯枝，以改善树冠的通风、透光条件。适当修剪可以帮助保持壮年期植株的健康和美观。

4）衰老期。随着时间的推移，在 80 树龄以后，大多数蜡梅的生长速度会逐渐减缓，老枝会逐渐枯萎，新生枝叶的数量会减少。衰老期的养护管理重点如下：适当修剪和施肥，截枝或截干，刺激萌芽更新；或采取复壮措施，如整形修剪、土壤改造、水肥管理等，尽可能延长树龄。环境适宜、养护良好的蜡梅，树龄可高达 500 ~ 600 年，甚至有千年树龄的蜡梅，如北京卧佛寺的古蜡梅。

注意，蜡梅每个时期的树龄范围并不是固定的，而是由植株的生长状况和环境条件来决定的。如果土壤肥力高、水分适宜，环境温度适合，蜡梅生长就会更快、树龄就会更长。

（2）蜡梅的年生长周期。每年进入冬天后，蜡梅花芽开始膨大，从 11 月至翌年 3 月是花期；先花后叶，3 月中下旬开始展叶，之后新梢逐渐生长至 9 月上中旬；果熟期在 7—11 月；花芽发育期主要在 6—7 月，气候适合可延长到 8 月，伴有新枝生长；10 月底叶片开始变色，逐步落叶，但没有明显的休眠期，之后进入新一年的生长周期。在不同时期应该根据蜡梅的生长习性，综合采用多种养护管理方法满足其生长需求，如施肥浇水、修剪养护、整枝管理等，以促进其健康生长。

1）花芽膨大期。蜡梅在花芽膨大期主要表现为花芽绽开，即外部花被片开始微有分离，花被片之间露出浅黄色部分。花芽多从 11 月上旬开始膨大。

2）开花期。在选定观察的蜡梅植株上，有一朵花或数朵花的花被片完全开放，露出雌雄蕊时，称为始花期；有一半以上花朵的花被片完全开放，露出雌雄蕊时，称为盛花期；盛花期后，植株上尚留有少数花朵时，称为开花末期。开花期是主要的蜡梅切花生产期和观赏期，是指从蜡梅始花期到开花末期的一段时期，开花期的长短依品种而异。蜡梅开花期一般有 30 ~ 40 天，部分素心蜡梅的开花期可达到 50 ~ 70 天。

3）展叶期。在选定观察的蜡梅植株上，腋芽从芽鳞中露有 1 ~ 2 对平展叶片时，称为展叶初期；有半数以上枝条的叶片完全平展时，称为展叶盛期；当植株上尚有少数初出的平展小叶时，称为展叶末期。蜡梅的展叶期一般在 3 月中下旬。展叶期是蜡梅营养器官生长的初期，需要及时补充氮肥。

4）生长期。蜡梅展叶后，新梢逐渐生长，进入生长期。从 4 月中旬开始直至 5 月上旬为止，中短枝枝顶出现枯枝而停止生长；长壮枝继续生长，到 8 月下旬至 9 月上中旬为止。生长期的蜡梅营养器官生长旺盛、积累养分，养护时除了保障肥水外，还应防治病虫害和去除杂草。

5）果熟期。蜡梅在果熟期表现为果托由绿色变为灰黄色或灰褐色，渐而干燥；蒴果果皮由浅黄绿色变为紫褐色，革质，有光泽。果熟期是种子采收的重要时期。蜡梅果熟期较长，脱落性不强，采果制种的时间可以适当延后。

6）花芽发育期。一般在 6—7 月，种子和果实成熟后，部分枝条上有花芽雏形出现，此时蜡梅的营养物质主要用于花芽的分化与发育。到了 8 月上旬，新抽的枝条在光、水、肥条件较好的情况下也能形成花枝，枝条上的花芽继续发育直至开花。这个时期可以适当补充磷肥和钾肥。

7）秋季叶变色期。蜡梅植株上的叶片在秋末开始变为黄绿色时，称为秋季叶片开始变色期；植株上半数以上叶片变为黄绿色时，称为秋季叶片变色盛期；植株上所有叶片变为黄绿色或黄色时，称为秋季叶片全部变色期。这里所说的叶片变色，是指正常叶片因季节性气候变化而发生的颜色变化，不包括其他因素引起的颜色变化。

8）落叶期。蜡梅植株于秋末开始有少数叶片脱落时，称为落叶始期；有大量叶片脱落时，称为落叶盛期；有少数叶片尚未脱落时，称为落叶末期。若蜡梅种植在我国南方地区，还会出现叶片不落或落叶不全的情况，直至翌年蜡梅重新发芽、抽枝后，叶片才逐渐脱落。落叶不全会影响观花。在落叶期应减少肥水、增加通风，以促进落叶现花。部分植株需要手动摘除残叶。

操作技能

蜡梅生长观察实践

操作准备

1. 了解蜡梅的基本特征。
2. 选择合适的苗圃，标记蜡梅植株。
3. 确定记录项目和标准，准备工具、记录表、笔等。

操作步骤

步骤 1　明确观察目标、范围及要求

观察目标蜡梅的生长状况及特点，在物候期需要详细观察与记录。观察与记录内容包括：基本数据；营养器官（根、茎、叶）生长状况，花果发育状况；病虫害情况；生长环境（光、热、水、气、土）。

步骤 2　明确填写要求、方法及原则

填写要求：在物候期观察时，应重点关注植株生长变化，包括芽萌动、展叶、开花、果实成熟、落叶等内容。填写方法：观察时需要配合测量，测量枝条长短、芽点大小、果实体积等数据。填写原则：定期测量、填写，数据准确。蜡梅生长观察记录表（示例）见表 1-1。

表 1-1　　蜡梅生长观察记录表（示例）

观察地点：蜡梅苗圃　　　　观察时间：× 年 × 月 × 日

序号	苗木树龄	高度	胸径	冠幅	营养生长状况	繁殖发育状况	病虫害情况	其他（生长环境特点）
1	壮年切花生产用苗（约 20 树龄）	1.8 m	6.5 ~ 8 cm	1.5 m（7 支 / 丛）	良好	果实膨大但未成熟	偶见害虫龟蜡蚧	苗圃西北角的部分土壤因踩踏而板结
2								
3								
4								
5								
6								
7								

续表

<table>
<tr><th>序号</th><th>苗木树龄</th><th>高度</th><th>胸径</th><th>冠幅</th><th>营养生长状况</th><th>繁殖发育状况</th><th>病虫害情况</th><th>其他（生长环境特点）</th></tr>
<tr><td>8</td><td></td><td></td><td></td><td></td><td></td><td></td><td></td><td></td></tr>
<tr><td>9</td><td></td><td></td><td></td><td></td><td></td><td></td><td></td><td></td></tr>
<tr><td>10</td><td></td><td></td><td></td><td></td><td></td><td></td><td></td><td></td></tr>
<tr><td>观察结论</td><td colspan="2">本时间段属于蜡梅生长的新梢生长期，观察的蜡梅具有病虫害、土壤问题</td><td>工作建议与计划</td><td colspan="5">1.（特定生长期管理）本时间段是苗木营养生长高峰期，要适当补充以氮肥为主的肥料
2.（突发应变）完成松土工作，解决土壤板结问题，并设置栅栏阻挡和提醒路人，不要踏入苗圃
3.（日常养护）害虫（龟蜡蚧）数量较少、危害较小，在观察时已经顺手杀灭，无须防治，但应进一步观察</td></tr>
<tr><td colspan="9">观察者：</td></tr>
</table>

注意事项

1. 在物候期进行观察时，通常以目测为主，也可以使用工具进行更精确的测定。

2. 气候变化和管理技术等因素可能会影响物候期变化，故在观察过程中应考虑这些外界因素的影响。

3. 选择的观察目标应在地点、树龄、生长状况等方面具有代表性。

思考题

1. 蜡梅与梅花是同一类植物吗？

2. 蜡梅落叶不全的影响有哪些？

测试题

一、判断题（下列判断正确的请打"√"，错误的请打"×"）

1. 蜡梅是蜡梅科蜡梅属的落叶灌木植物。 （　　）

2. 蜡梅花期多在 11 月至翌年 3 月，在冬季或春季开花。 （　　）

3. 蜡梅的花开于多年生老枝上。 （　　）

4. 蜡梅喜欢充足的阳光，种植环境宜温暖、潮湿。 （　　）

5. 蜡梅耐寒性较强，能在冬季低温环境下生长，但适宜的生长温度在 15 ~ 25 ℃。 （　　）

二、单项选择题（选择一个正确的答案，将相应的字母填入题内的括号中）

1. 蜡梅叶片是（　　）。

A. 单叶对生　　B. 单叶互生　　C. 羽状复叶　　D. 掌状复叶

2. 以下选项说法错误的是（　　）。

A. 蜡梅果熟期在 7—11 月　　B. 蜡梅的自然花期主要在冬季

C. 蜡梅就是蜡黄色的梅花　　D. 蜡梅是落叶灌木植物

3. 对于蜡梅播种苗，进入开花阶段需要（　　）。

A. 1 ~ 2 树龄　　B. 2 ~ 3 树龄　　C. 4 ~ 5 树龄　　D. 10 树龄以上

4. 蜡梅适宜在（　　）中生长。

A. 排水良好、肥沃的沙质土壤　　B. 排水一般、贫瘠的黏质土壤

C. 排水一般、肥沃的沙质土壤　　D. 排水良好、肥沃的黏质土壤

5. 蜡梅的开花期一般有（　　）天。

A. 10 ~ 20　　B. 30 ~ 40　　C. 50 ~ 70　　D. 80 ~ 90

测试题参考答案

一、判断题

1. √　　2. √　　3. ×　　4. ×　　5. √

二、单项选择题

1. A　　2. C　　3. C　　4. A　　5. B

学习单元 2

蜡梅的品种分类

一、蜡梅的品种分类标准

《国际种植植物命名法规》指出：品种是为专门目的而选择、具有一致而稳定的明显区别特征，而且采用适当的繁殖方法繁殖后，这些区别特征能够保存下来的一个（种植植物）分类单位。

经过一两千年的种植、引种和选育，蜡梅的品种日渐丰富。对蜡梅品种进行分类的标准一般包括花被颜色、内轮条纹、花被片形态、花朵直径（简称花径）、花期、花香等，从而形成多种分类方法。但是，部分标准受环境影响较大，如花径，同一品种因为温度、水分及营养差异，花径的差别可达 20%～30%。而蜡梅的花香属于清香偏甜型，常见的有白兰花香型、甜果香型、茉莉花香型、橙花香型等，描述较困难且感知差异性较大。因此，部分标准并不适合作为划分蜡梅品种的主要标准。

通常采用以下标准划分蜡梅品种。

1. 一级分类标准

综合形态学比较，蜡梅内花被片（又称内部花被片）纹路这一性状更稳定、明显。因此，将蜡梅内花被片纹路作为划分蜡梅品种的一级分类标准。按照内花被片有无纹路、纹路颜色等，可以将蜡梅分为素心蜡梅品种群、乔种蜡梅品种群（又称晕心蜡梅品种群）、红心蜡梅品种群。

（1）素心蜡梅品种群。内花被片为黄色或白色，无纹路，如图 1–6 所示。

（2）乔种蜡梅品种群。内花被片有红色纹路，纹路呈条状（未呈片状），如图 1–7 所示。

（3）红心蜡梅品种群。内花被片上密集铺满有色纹路，纹路呈红色或紫色的片状、斑块状，如图 1–8 所示。

图 1–6 素心蜡梅品种群
（西南大学眭顺照教授提供）

图 1–7 乔种蜡梅品种群
（西南大学眭顺照教授提供）

图 1–8 红心蜡梅品种群
（西南大学眭顺照教授提供）

2. 二级分类标准

根据花色、中部花被片形态特征、花径、花期等二级分类标准，可以将蜡梅划分为不同的品种。

蜡梅花色稳定，同一品种无花色不同的可能性，且花色不受立地条件的影响。所以，可以将蜡梅花色作为划分蜡梅品种的标准之一。蜡梅花色主要有近白色、黄白色、浅黄色、黄色、深黄色、红紫色（红色系）等，如图 1–9 至图 1–14 所示。

图 1–9 近白色蜡梅
（西南大学眭顺照教授提供）

图 1–10 黄白色蜡梅
（西南大学眭顺照教授提供）

图 1–11 浅黄色蜡梅
（西南大学眭顺照教授提供）

图 1–12 黄色蜡梅
（西南大学眭顺照教授提供）

图 1–13 深黄色蜡梅
（西南大学眭顺照教授提供）

图 1–14 红紫色蜡梅
（西南大学眭顺照教授提供）

蜡梅花的中部花被片形态特征稳定，不受外界环境因素的影响。因此，可以将蜡梅花中部花被片的形态特征作为划分蜡梅品种的标准之一。凡中部花被片为椭圆形或近圆形者，称为圆被类品种（见图 1–15）；凡中部花被片为披针形者，称为尖被类品种（见图 1–16）。另外，根据中部花被片的展开状况，可以将蜡梅花形分为磬口形、碗形、圆锥形、盘形、钟形、荷花形、开口形以及过渡类型等。

a）　　b）

图 1–15　圆被类品种（西南大学睦顺照教授提供）

a）椭圆形中部花被片　b）近圆形中部花被片

图 1–16　尖被类品种（红香妃蜡梅）

（西南大学睦顺照教授提供）

蜡梅花径的大小易受立地条件的影响而发生改变，因而不能作为主要分类标准。但在同一立地条件下，大花类、小花类品种仍能表现出各自的固有特点，此时则可以按照花径大小分类。

花期的早晚也是划分蜡梅品种的标准之一，如“早花”蜡梅、“晚花”蜡梅等。这是我国群众划分蜡梅品种的传统方法之一。

二、蜡梅的常见品种

1. 素心蜡梅

素心蜡梅（见图 1–17）是一种非常受欢迎的品种。花朵颜色为淡黄色，花蕊洁白，花香芳馥。其花瓣呈长椭圆形，尖端微微向后翻卷，花朵较大，具有多层花瓣。多数花瓣平展外伸，属于开口形花形，如图 1–18 所示。少数外轮花瓣平展、内轮花瓣微合，如莲花般分层开放，属于荷花形花形，如图 1–19 所示。注意，这两种花形非素心蜡梅独有。

2. 磬口蜡梅

磬口蜡梅又称檀香梅，其花形多为磬口形，花瓣形状为椭圆形或倒卵形，花色深黄，中心带有紫色纹路，花香浓郁，如图 1–20 所示。

图 1-17 素心蜡梅
（西南大学眭顺照教授提供）

图 1-18 开口形花形
（西南大学眭顺照教授提供）

图 1-19 荷花形花形
（西南大学眭顺照教授提供）

a）

b）

图 1-20 磬口蜡梅（西南大学眭顺照教授提供）
a）花瓣和花蕊 b）花被

3. 红香妃蜡梅

红香妃蜡梅（见图 1-16）花香淡，花形有磬口形、碗形等，花朵后期呈鸟爪状，花被片数量在 16 ~ 18 片。其中，中部花被片有 11 片左右，花朵初开时为橘红色，后期颜色加深，呈长椭圆形，先端钝尖；内部花被片有 7 片左右，呈长卵形，满布红紫色晕。花期稍早，始花期在 12 月上旬，盛花期在 12 月中下旬，开花末期在 1 月上中旬。

4. 虎蹄蜡梅

虎蹄蜡梅（见图 1-21）的花瓣呈椭圆形且略尖，像虎爪，内轮花瓣小且有红紫色纹路，花香浓郁，开花最早（一般在 10 月底）。

图 1-21 虎蹄蜡梅（西南大学眭顺照教授提供）

5. 狗牙蜡梅

狗牙蜡梅（见图 1–22）花小，花半开时呈圆锥形或铃铛形，外轮花瓣尖而小，呈淡黄色，像狗牙；内轮花瓣有紫色条纹且颜色较深，像苍蝇翅膀；花香淡。狗牙蜡梅又称狗蝇蜡梅。

6. 黄腊坨蜡梅

黄腊坨蜡梅（见图 1–23）属于磬口形蜡梅，花色黄，花瓣圆，内轮基部微带红紫色，重瓣，花香浓郁。黄腊坨蜡梅具有花色浓、花量大的特点，在重庆、四川地区种植较多。

图 1–22　狗牙蜡梅
（西南大学眭顺照教授提供）

图 1–23　黄腊坨蜡梅
（西南大学眭顺照教授提供）

7. 大花金黄素心蜡梅

大花金黄素心蜡梅（见图 1–24）属于大花类品种，花形为碗形、盘形或磬口形；花被片数量在 22 ~ 25 片（重瓣性较好）；花色深黄，花瓣蜡质、呈长椭圆形，先端钝尖、稍翻卷，边缘微呈波浪状，内部花被片有 9 ~ 12 片，花香浓。始花期在 12 月中旬，盛花期在 1 月上中旬，开花末期在 1 月下旬至 2 月初。

图 1–24　大花金黄素心蜡梅
（西南大学眭顺照教授提供）

总的来说，上述品种不仅在花形、花色上各有特色，而且在花香上也有所不同。

操作技能

蜡梅品种识别

操作准备

1. 了解蜡梅的基本知识，包括不同品种蜡梅的特征，如花形、花色等。

2. 准备工具，如放大镜、参考书籍或图片、记录工具等。
3. 收集样本，即收集不同品种的蜡梅标本或图片、视频等。

操作步骤

步骤 1　识别蜡梅常见品种

在花期看实物，在其他时期看标本、图片或视频，认真观察并找出特征，进行蜡梅品种识别。

步骤 2　记录

将特征进行归类，填写蜡梅品种识别表。蜡梅品种识别表（示例）见表 1-2。

表 1-2　　蜡梅品种识别表（示例）

<table>
<tr><td colspan="17">记录人：</td></tr>
<tr><td colspan="11" rowspan="4">花朵图片素材
</td><td colspan="6">记录时间：
× 年 × 月 × 日</td></tr>
<tr><td colspan="6">苗木地址：
× × 苗圃</td></tr>
<tr><td colspan="6">品种类型</td></tr>
<tr><td colspan="2">素心</td><td colspan="2">乔种
√</td><td colspan="2">红心</td></tr>
<tr><td rowspan="8">基本特征</td><td>花形</td><td colspan="3">铃铛形（圆锥形）</td><td colspan="3">磬口形
√</td><td colspan="3">开口形</td><td colspan="3">钟形</td><td colspan="3">荷花形</td></tr>
<tr><td>花色</td><td colspan="3">黄白色</td><td colspan="3">浅黄色</td><td colspan="3">黄色</td><td colspan="3">深黄色
√</td><td colspan="3">黄绿色</td></tr>
<tr><td>花香</td><td colspan="6">较浓
√</td><td colspan="9">较淡</td></tr>
<tr><td>外轮花瓣形状</td><td colspan="3">尖圆形</td><td colspan="3">椭圆形</td><td colspan="3">宽圆形
√</td><td colspan="3">有外翻</td><td colspan="3">平展
√</td></tr>
<tr><td>内轮花瓣形状</td><td colspan="3">尖圆形</td><td colspan="3">椭圆形</td><td colspan="3">宽圆形
√</td><td colspan="3">内外差异大
√</td><td colspan="3">内外渐变</td></tr>
<tr><td>花瓣数量</td><td colspan="15">每朵花有 14 瓣左右</td></tr>
<tr><td>花径</td><td colspan="15">全开时花径在 1.9～2.2 cm</td></tr>
<tr><td>备注</td><td colspan="15">该品种属于磬口蜡梅</td></tr>
</table>

注意事项

1. 保证环境适宜，应在光线充足、无干扰的环境中进行识别。

2. 在采集样本或观察时要小心操作，避免对植物造成不必要的伤害。

3. 在识别过程中，应详细记录各项观察结果，以后续分析和对比。

4. 在不同生长环境下，蜡梅的表现可能会有所不同，因此，要考虑环境因素对识别结果的影响。

拓展

重庆市北碚区静观镇种植蜡梅已有 500 多年的历史。静观镇在 2000 年被评为“中国花木之乡”，2011 年被评为“中国蜡梅之乡”。2012 年，“静观蜡梅”被评为中国农产品地理标志。2018 年，静观镇入选全国农业产业强镇示范建设名单。静观镇依托静观花木种植基地创建了国家 AAA 级旅游景区——中国静观蜡梅博览园。

建成的中国静观蜡梅博览园（简称博览园）占地面积约 100 亩（1 亩约为 666.7 m^2），种植蜡梅近万株，是重庆市唯一一处以蜡梅为主题的国家 AAA 级旅游景区，同时也是素心蜡梅种植资源库和蜡梅科研校地合作基地。博览园共有蜡梅品种 148 个，其中，素心类 61 个、乔种类 37 个、红心类 45 个、夏蜡梅 2 个、野生种 3 个。中国静观蜡梅博览园展示的蜡梅品种群如图 1-25 所示。

图 1-25　中国静观蜡梅博览园展示的蜡梅品种群

博览园主要展示了素心蜡梅（包括大花金黄素心蜡梅、绿被素心蜡梅）、磬口蜡梅（包括晚花磬口蜡梅、大磬口蜡梅、迟磬口蜡梅）、黄腊坨蜡梅 3 类 6 个优良品种。其中，素心蜡梅以花朵大、花色艳、花香浓的特点成为蜡梅中的精品，繁育数量最多。

思考题

1. 简述常见蜡梅品种的花期。
2. 蜡梅叶落不全的影响有哪些？

测试题

一、判断题（下列判断正确的请打“√”，错误的请打“×”）

1. 蜡梅内花被片纹路是为划分蜡梅品种的一级分类标准。（　）
2. 素心蜡梅内花被片无纹路。（　）
3. 蜡梅花色不受立地条件的影响，同一品种花色相同。（　）
4. 蜡梅花径的大小易受立地条件的影响而发生改变，因此不能作为划分蜡梅品种的主要标准。（　）
5. 花香具有描述较困难、感知差异性较大的缺点，不能作为划分蜡梅品种的主要标准。（　）

二、单项选择题（选择一个正确的答案，将相应的字母填入题内的括号中）

1.（　）是划分蜡梅品种的一级分类标准。

A. 内花被片纹路　B. 花色

C. 花期　D. 花径

2. 蜡梅（　）的颜色和形态可以作为划分品种的依据。

A. 叶片　B. 花瓣

C. 茎干　D. 花蕊

3.（　）具有花朵较大、花色淡黄、花蕊洁白、花香芳馥的特征。

A. 素心蜡梅　B. 虎蹄蜡梅

C. 磬口蜡梅　D. 金钟梅

4.（　）是素心蜡梅的花形。

A. 荷叶形　B. 开口形

C. 瓶口形　D. 钟形

5.（　）具有外轮花瓣尖而小、呈淡黄色、像狗牙，内轮花瓣有紫色条纹且颜色较深、像苍蝇翅膀，花香淡的特征。

A. 素心蜡梅　B. 狗牙蜡梅

C. 磬口蜡梅　D. 金钟梅

测试题参考答案

一、判断题

1. √　2. √　3. √　4. √　5. √

二、单项选择题

1. A　2. B　3. A　4. B　5. B

培训任务 2

蜡梅的种苗繁育技术

任务目标

熟悉蜡梅的种苗繁殖方式。

掌握压条、嫁接、扦插的繁殖技术。

掌握种子的播种技术。

学习单元 1

压条

一、营养繁殖的概念

营养繁殖是指利用母本营养器官再生能力形成新个体（营养苗）的繁殖方式。其优点是性状相对稳定，生理年龄为母本的延续，能保持母本的优良性状，开花、结果早。营养繁殖是不结种子的植物的主要繁殖方式。利用自然的“芽变”进行无性繁殖还能形成新品种。其缺点是生理年龄较大、抗性较差、生命周期较短。压条繁殖属于营养繁殖。

二、压条繁殖的原理和适用范围

1. 压条繁殖的原理

在木本植物中，筛管主要存在于树皮和形成层之间的韧皮部中，用于运输有机物；导管主要存在于木质部中，用于运输水和无机盐。

在蜡梅枝条基部环剥树皮（韧皮部往往被破坏），用泥土包裹伤口，该枝条并不会死亡，因为木质部的导管会源源不断地向枝条提供水和无机盐，所以植株长势良好；而韧皮部的筛管被切断，阻断了由叶片制造的有机物向下运输的通道，有机物就会在环剥处积累形成愈伤组织，并在泥土的刺激下生成不定根。

2. 压条繁殖的适用范围

压条繁殖需要花费大量的人力、物力，而且繁殖量不大，因而适用于扦插繁殖难以生根的木本植物。压条繁殖的新个体可以保留母本的优良性状。目前，压条是最常用的静观蜡梅种苗繁殖技术。压条繁殖的蜡梅苗很受欢迎，因为其管理方便，不像嫁接苗需要随时除去砧木根部的萌蘖，而且从繁殖到开花所用时间更短。

三、压条方法

压条方法包括普通压条、连续压条、堆土压条和高空压条 4 种，如图 2–1 所示。

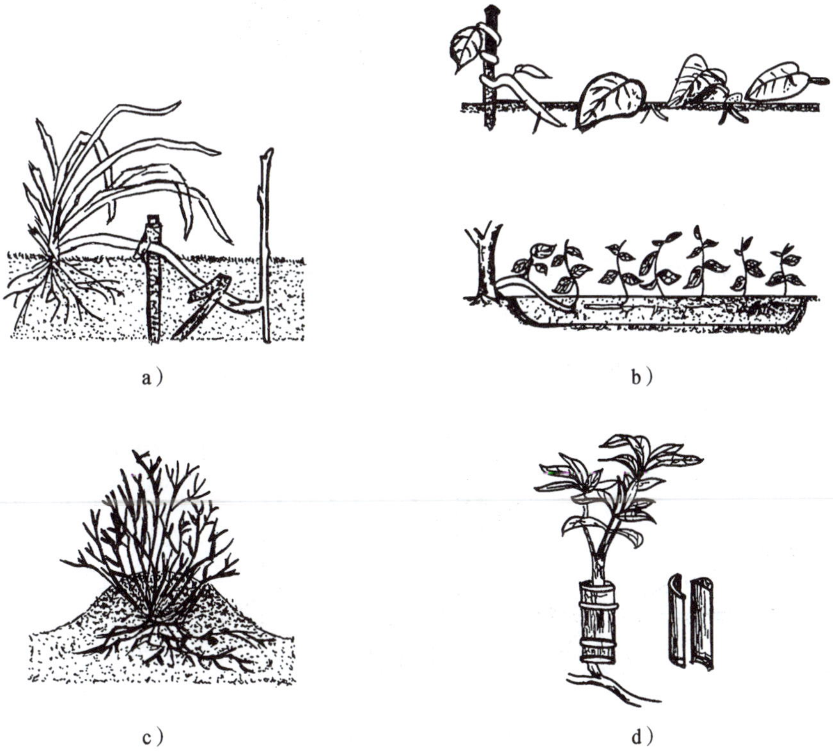

图 2–1　压条方法

a）普通压条　b）连续压条　c）堆土压条　d）高空压条

1. 普通压条

普通压条适用于丛生花木的繁育。普通压条示意图如图 2–2 所示。通常选择基部靠近地面的 1 ~ 2 年生枝条，先在根际或盆边开沟，沟深 10 ~ 15 cm；再在节下靠地面处用刀刻伤几道，或进行环状剥皮，将枝条下弯压入土中，将金属丝弯成 U 形向下卡住枝条，以防其弹回；然后覆土，让枝梢露在外面并用立棍将其缚住，注意不要将枝梢折断。这种方法多在早春或晚秋进行压条时采用。一般春季压条，秋季切离压条枝种植；或者秋季压条，翌春切离压条枝种植。

图 2-2　普通压条示意图

2. 连续压条

连续压条又称平卧压条，适用于长枝条花木及藤蔓花卉的繁育。操作时先将枝条弯曲，使其平卧在土面上或浅沟中并在其上覆土，待其生根后剪离种植。可以在每个节下用刀刻伤，这样一次可以获得多株幼苗，如图 2–3 所示。

图 2-3　连续压条示意图

3. 堆土压条

堆土压条适用于多蘖芽、丛生及枝条不易弯曲的花木的繁育。压条前，先将丛生蜡梅每根蘖枝近地基部的皮层环剥，如图 2–4 所示；再培土至高 30 ~ 40 cm，如图 2–5 所示，之后保持土壤湿润。

当伤口处生根后，刨开土壤，将压条枝与母株切离、分栽，形成新的植株。这种方法多在早春或晚秋进行压条时采用。一般春季压条，秋季切离压条枝种植；或秋季压条，翌春切离压条枝种植。

图 2-4　堆土压条——剥皮

图 2-5　堆土压条——堆土

4. 高空压条

高空压条适用于基部不生蘖芽、扦插不易成活、枝条不易弯曲的花木的繁育。高空压条通常是在生长季节进行的，一般选用 2～3 年生的健壮枝条。操作时先在枝条节下进行环状剥皮，或刻伤至皮层后刮去形成层，如图 2-6 所示；在伤口下端 3～5 cm 处绑好塑料薄膜并翻上去，内填潮湿苔藓、泥炭土或细沙土作为基质，在上端封口并稍留空隙，以便补充水分与承接雨水，如图 2-7 所示。注意保持基质湿润，既不能失水又不能太湿。经过数月养护，至秋季根系发达时，于秋后或翌春将压条枝与母株切离，栽于花盆或露地，再养护 1～2 年便可开花观赏。

图 2-6　高空压条——剥皮

图 2-7　高空压条——绑扎

操作技能

蜡梅平卧压条繁殖

平卧压条是在实践中摸索出来的静观蜡梅压条繁殖常用方法。

操作准备

1. 准备健康、生长旺盛、侧枝丰富、无病虫害的蜡梅植株。
2. 在植株种植地四周预留一定的土壤空间。
3. 准备锋利的刀具、锄头和固定材料等工具和材料。

操作步骤

步骤 1　选择并处理枝干

选择直径在 3 ~ 5 cm、高度在 1.2 m 以上，单侧枝多且均匀的枝干，枝条生长状态应良好、无病虫害，如图 2–8 所示。去除反向枝、弱枝，保证压条枝的营养供给，如图 2–9 所示。

图 2–8　选择平卧压条枝干

图 2–9　去除反向枝、弱枝

步骤 2　开沟和择位环剥

在土壤中开浅沟，深度以覆盖枝干为度。砍伤选定的枝干基部，控制方向，放倒枝干。开沟和砍伤枝干基部如图 2–10 所示。适当修剪枝干上的侧枝，保留倒伏对侧

图 2–10　开沟和砍伤枝干基部

的侧枝。在所保留侧枝的基部环剥去皮，深达木质部，环剥处宽度在 2 ~ 3 cm，并刮去形成层，如图 2–11 所示。侧枝基部的环剥处如图 2–12 所示。

图 2–11 枝条基部环剥

图 2–12 侧枝基部的环剥处

步骤 3 压土繁殖

首先，用土覆盖、填埋枝干，在刻伤的部位适当堆土，堆高 10 cm 左右。一般用树杈将枝干压进浅沟，但如果枝干比较粗，也可以用砖石等压挤。其次，调节侧枝，使其生长方向向上。最后，压实土壤并适当浇水。压土繁殖详细过程如图 2–13 至图 2–16 所示。

图 2–13 将枝干压进浅沟

图 2–14 调节侧枝

步骤 4 养护管理

在日常养护中随时巡查，保持土壤潮湿，可按需适当浇水。若出现雨水冲刷、土层变薄的情况，应及时培土。

图 2-15　控制压条侧枝的生长方向

图 2-16　压实土壤并适当浇水

步骤 5　分栽育苗

养护 40 ~ 50 天后，当观察到伤口处生根后，应及时分剪枝条，进行根茎叶完整的繁殖苗分栽。分栽的繁殖苗应在阴凉通风环境下养护 7 ~ 10 天。

注意事项

1. 保持土壤湿润，但不要过多浇水，以免烂根。
2. 压条枝通常需要养护一段时间才能生根，应耐心等待并保持适宜的环境条件。
3. 操作时注意工具的使用安全。

蜡梅高空压条繁殖

操作准备

1. 准备健康、生长旺盛、侧枝丰富、无病虫害的蜡梅植株。通常选择生长健壮、发育良好、无病虫害的 2 年生以上枝条，以分枝较多、布局合理的中长枝最为理想。

2. 在植株种植地四周预留一定的土壤空间。

3. 准备锋利的刀具、修枝剪、营养土（稍黏重）、塑料薄膜等工具和材料。

操作步骤

步骤 1　选择枝条

选择健康且分枝多的中长枝条，如图 2-17 所示。

图 2-17　选择高空压条枝条

步骤 2　环剥枝条

要求环剥位置健康、光滑，优选侧枝基部，但也不能过于靠近分枝处，以便于操作。环剥宽度为枝条直径的 1.5 ~ 2 倍，一般为 1.5 ~ 5 cm，如图 2-18 所示。用刀具在垂直方向去皮，深达木质部，并刮去形成层，如图 2-19 所示。可以充分利用较长的枝条，分段环剥多处，但两处间距宜在 30 cm 以上，以形成一枝多苗。

图 2-18　环剥枝条

图 2-19　刮去形成层

步骤 3　包裹土团

在正确的位置包裹塑料薄膜（或塑料瓶、专用套袋）并填土，两头扎紧，土团大小应合适且充分覆盖环剥处，如图 2-20 所示。也可以使用高空压条专用球形容器进行包裹。

图 2-20　包裹塑料薄膜并填土

步骤 4　养护管理

在日常养护中随时观察，当土团出现干燥、开裂的情况时应适当补水。若塑料薄膜破裂导致土团松散，要重新包裹。

步骤 5　分栽育苗

养护 30～40 天后，当观察到土团中出现根系时，应及时从土团基部分剪枝条，解开塑料薄膜，进行根茎叶完整的繁殖苗分栽。分栽的繁殖苗应该在阴凉、通风环境下养护 7～10 天。

注意事项

1. 操作时注意工具的使用安全。
2. 可以使用带有卡扣的高空压条专用套袋，但要注意选择规格。
3. 对其他枝条也要进行妥善保护。

特别提示

由粗壮分枝经高空压条得到的繁殖苗，能用来制作株型漂亮的树桩盆景。

思考题

1. 堆土压条的技术要点是什么？

2. 连续压条适用于蜡梅繁殖吗？

测试题

一、判断题（下列判断正确的请打“√”，错误的请打“×”）

1. 压条繁殖原理是利用环剥，阻断韧皮部中的筛管向下运输有机物，刺激愈伤组织形成，生成不定根。（ ）

2. 压条繁殖简单、快速，繁殖量高，适用于大多数园林植物。（ ）

3. 高空压条多用于基部不生蘖芽、扦插不易成活、枝条不易弯曲的花木的繁育。（ ）

4. 普通压条方法多在休眠期进行。（ ）

5. 连续压条适用于丛生花木。（ ）

二、单项选择题（选择一个正确的答案，将相应的字母填入题内的括号中）

1. 压条繁殖可以保留母本的（ ）。

A. 生长速度　B. 树形　C. 优良性状　D. 叶片大小

2. 在进行蜡梅平卧压条繁殖时，应该（ ）。

A. 环剥倒伏枝干的保留侧枝基部

B. 环剥倒伏枝干的基部

C. 在倒伏枝干上每隔 10 ~ 20 cm 环剥一次

D. 在倒伏枝干上随机环剥

3. 连续压条适用于（ ）的繁育。

A. 丛生花木　B. 长枝条花木及藤蔓花卉

C. 多蘖芽、丛生花木　D. 基部不生蘖芽的花木

4. 堆土压条适用于（ ）的繁育。

A. 多蘖芽、丛生及枝条不易弯曲的花木

B. 长枝条花木及藤蔓花卉

C. 大乔木

D. 草本植物及多肉植物

5. 在进行蜡梅高空压条时，通常选择（ ）枝条。

A. 生长健壮、发育良好、无病虫害的 1 年生以上

B. 生长健壮、发育良好、无病虫害的 2 年生以上

C. 生长健壮、发育一般、病虫害不严重的 1 年生以上

D. 生长健壮、发育一般、病虫害不严重的 2 年生以上

测试题参考答案

一、判断题

1. √　2. ×　3. √　4. ×　5. ×

二、单项选择题

1. C　2. A　3. B　4. A　5. B

学习单元 2

嫁接

一、嫁接繁殖的概念和特点

嫁接繁殖（见图 2-21）是一种营养繁殖方法，是指将一种植物的枝或芽接到另一种植物的茎或根上，让两者愈合为一个整体的繁殖方法。接穗是嫁接过程中的繁殖目标，一般选择优良品种的枝或芽。砧木是在嫁接过程中提供根系的苗木，一般选择抗性强的乡土品种实生苗。接穗可以保持母本的优良性状，而实生砧木具有发达的根系，故嫁接苗兼有营养苗和实生苗的优点。

图 2-21　嫁接繁殖

操作时应尽量减小伤口，先切削接穗（枝或芽），再对应接穗的大小切削砧木、暴露其形成层，将砧木和接穗的形成层相结合并紧密绑扎，让其愈合为一个整体。在园林绿化工作中，嫁接繁殖应用较多，但其繁殖周期较长、操作难度较大、投入的人力物力较多、单苗成本较高，需要规模化生产。成苗后，日常管理需要随时除去砧木萌蘖。

二、嫁接繁殖的成功条件

1. 砧木与接穗的亲和力条件

亲缘关系的远近决定了砧木与接穗的亲和力，亲和力由大到小的顺序为：同株 > 同种 > 同属 > 同科。目前掌握的技术仅能进行同科内种间嫁接。

2. 植株的习性条件

植株应具有一定的再生能力、愈伤能力。一般选择生长健壮、无病虫害的植株作为砧木和接穗，以提高愈合成功率。通常来说，树龄小的植株比老化的植株更容易愈合，但过嫩的组织太脆弱也不适合嫁接。

3. 环境条件

潮湿、温暖的环境有利于嫁接愈合。较高的空气湿度可以帮助减少嫁接部位水分的蒸发，保持接穗的新鲜度。可以使用塑料袋或其他保湿材料包裹嫁接部位，提高嫁接部位湿度。温暖的环境可以加速细胞分裂与生长速度，从而加快愈伤组织的发展。需要注意的是，过高的温度可能对植物造成伤害，因此，选择既不太冷也不太热的理想温度范围对嫁接繁殖来说非常重要。

4. 嫁接技术条件

嫁接方式的选择在很大程度上影响嫁接的成活率，而形成层的结合程度是嫁接成活的关键。

三、嫁接方法

根据接穗的不同将嫁接分为枝接和芽接，如图 2–22 所示。常用的嫁接方式示意图如图 2–23 所示。嫁接主要包括 3 个步骤：首先，选择适当的接穗，并根据其特点进行处理；其次，选择适当的砧木并进行相应处理，两者的形成层应暴露出来，具有一定的对应关系；最后，将两者紧紧地绑扎在一起，使其愈合成一个整体。

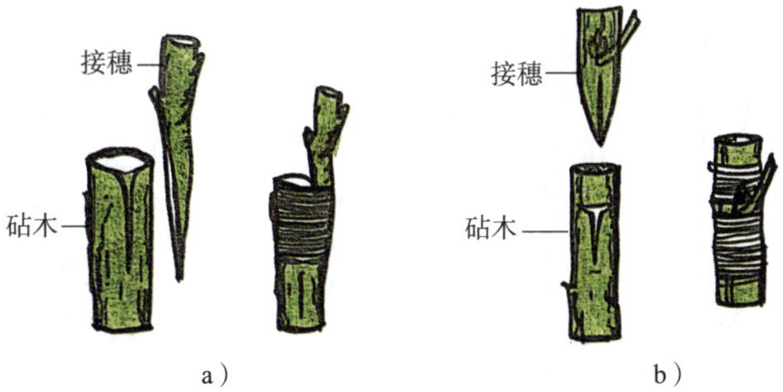

图 2-22 枝接和芽接示意图

a）枝接——插皮接 b）芽接——T 形芽接

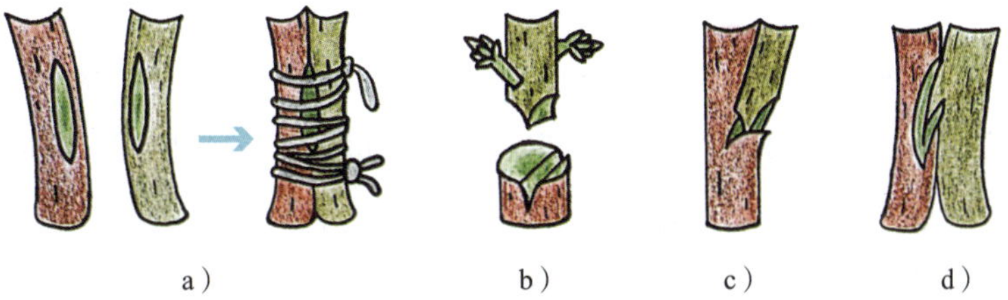

图 2-23 常用的嫁接方式示意图

a）靠接 b）劈接 c）切接 d）锯齿接

1. 枝接的方法

（1）接穗的选择和处理。在 1 年生、半木质化健壮枝条上，选择腋芽饱满的枝条，于腋芽上方 5 mm 处做 45° 斜切去顶，保留 2 个节左右，并在其基部两侧削出长 1 cm 左右的楔形切口。注意，楔形切口应平滑且平缓，稍带木质部，不可过尖、过短。

（2）砧木的选择和处理（与接穗处理方式对应）。砧木一般比接穗粗壮，留基部 10 cm 以上去顶，于砧木一侧垂直于横断面下切，切口深 1.5 cm 左右，稍带木质部，并将接穗的楔形切口嵌入其中。

（3）结合绑扎。将接穗和砧木裸露的形成层对齐，用嫁接胶带将砧木和接穗缠绕绑扎至紧密，应覆盖裸露的伤口。枝接示意图如图 2-24 所示。

2. T 形芽接的方法

（1）接穗的选择和处理。接穗要求腋芽饱满、无病残叶，处理方法如下。

1）选择一饱满腋芽，去除叶片，叶柄留 3 ~ 5 mm。

2）于腋芽上方 2 mm 处，做深达木质部的横切，切口宽 3 ~ 4 mm。

3）于腋芽下方 4 ~ 6 mm 处，刀口向上紧贴表皮，稍带木质部做小于 20° 的斜切，直到上方切口处，取下接穗。取下的接穗呈盾形。

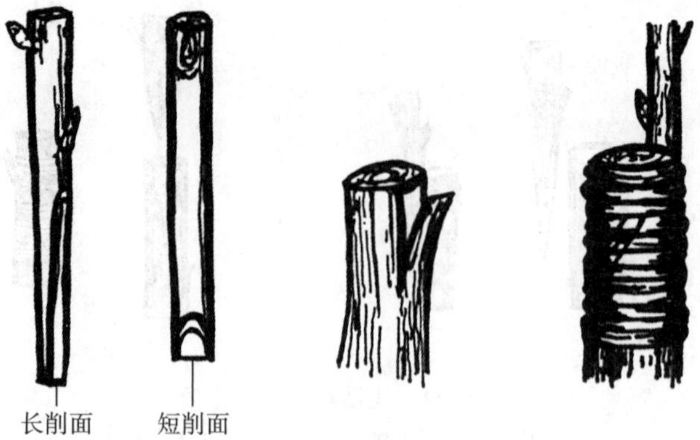

图 2–24　枝接示意图

（2）砧木的选择和处理。选择砧木茎干距地面 10 ~ 20 cm 高的平滑处，用刀切出横、纵两个切口，切口呈 T 形（T 形芽接名称由此得来）。横切口宽 5 mm 左右，深达木质部；纵切口长 6 ~ 7 mm，深达木质部。顺切口挑开表皮，露出形成层。

（3）结合绑扎。将盾形接穗嵌入砧木 T 形切口中，使两者的形成层对齐；用塑料薄膜或专用胶带均匀缠绕、覆盖伤口，同时使叶柄及腋芽露出，再打上简单的活套结。T 形芽接示意图如图 2–25 所示。

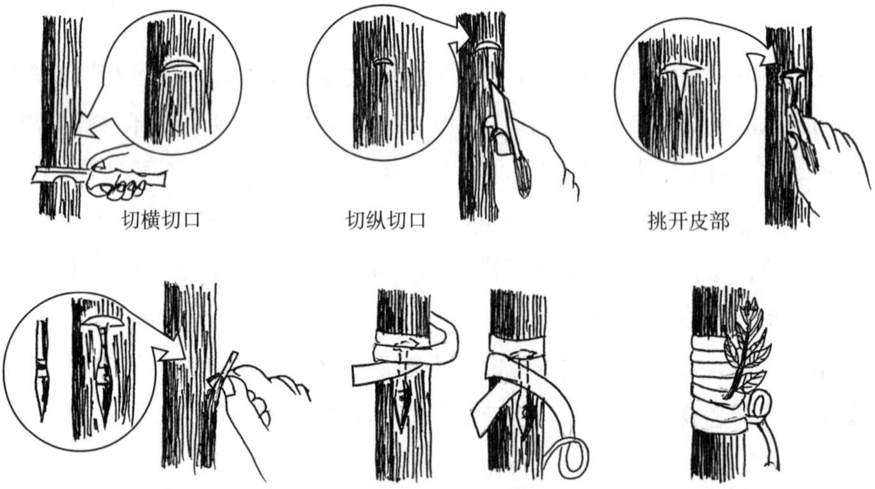

图 2–25　T 形芽接示意图

一周后，用手触及叶柄，若叶柄脱落则说明嫁接成活，可解开塑料薄膜或专用胶带。此繁殖方法需要挑开砧木表皮、嵌入接穗，两者接触紧密而有利于愈合，成活率较高，但操作较为复杂，不利于繁殖韧皮部和木质部难以分离的植物品种。生产上另有嵌芽接、贴芽接等其他芽接繁殖方法。

操作技能

春初蜡梅枝接

操作准备

1. 准备工具和材料：准备嫁接所需的工具和材料，如锋利的刀具、嫁接胶带和塑料袋等。

2. 选择接穗和砧木：挑选健康的接穗和砧木。接穗应从健康无病、品种优良的蜡梅植株上切取；砧木应是 3 年生以上的实生苗，茎径 >1 cm。

3. 确定嫁接日期：在春季 2—3 月，当接穗腋芽膨大到麦粒大小，开始萌动但还未明显翻绿时。

图 2-26　一对饱满腋芽

操作步骤

步骤 1　接穗的选择和处理

选择 1 年生、半木质化的健壮枝条，在枝条中段、一对饱满腋芽（见图 2-26）上方 1 cm 处平切去顶，向下保留 3～4 cm 切断下部，保留一对腋芽；在基部一侧去掉 1.5 cm 长表皮，如图 2-27 所示；在基部另一侧做出 45° 切口，同时去掉 1 cm 长表皮，如图 2-28 所示。在接穗基部形成偏斜的楔形切口，切口要平滑。

图 2-27　在基部一侧去掉 1.5 cm 长表皮

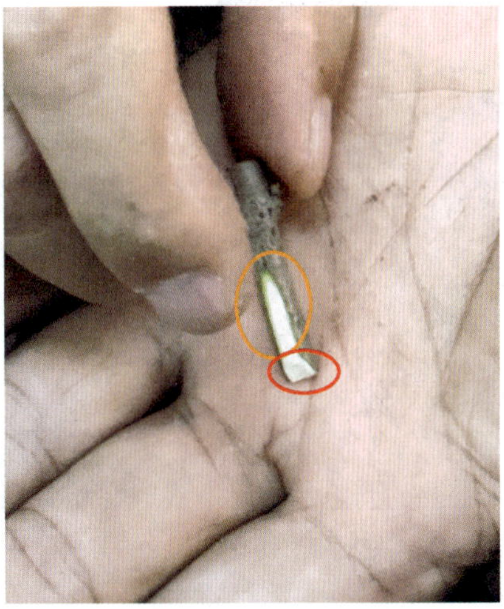

图 2-28　45° 切口（红色圈）和去掉 1 cm 长表皮的部分（橙色圈）

步骤 2　砧木的选择和处理

砧木一般比接穗粗壮，留基部 8 ~ 10 cm 去顶，如图 2-29 所示；于砧木平滑一侧距离基部 5 ~ 6 cm 高度处，稍带木质部垂直下切分离表皮，切口深 1.5 cm 左右，露出形成层，如图 2-30 所示。如果砧木粗壮且直径超过 3 cm，可以同时嫁接两支接穗。

图 2-29　砧木去顶

图 2-30　砧木切口深 1.5 cm

步骤 3　结合绑扎

将接穗楔形切口嵌入砧木切口中，使接穗 45° 切口朝外、接穗和砧木的形成层对齐，如图 2-31 所示；利用砧木切离的表皮包裹接穗，并用嫁接胶带将砧木和接穗缠绕绑扎至紧密，覆盖伤口，如图 2-32 所示。

图 2-31　将接穗嵌入砧木切口

图 2-32　用嫁接胶带缠绕绑扎砧木和接穗

步骤 4　套袋

用塑料袋套住接穗和砧木顶部以保湿，如图 2-33 所示。塑料袋不宜太大，内部留一掌空间即可。如果天气温暖，也可以不套袋。

步骤 5　养护管理

一般 10 余天后，接穗发芽。待第 2 对或第 3 对叶出现后，可将塑料袋下部戳破，便于透气；两三天后，再撕开塑料袋顶部通风；再过两三天可以彻底去除塑料袋。嫁接初步成活如图 2-34 所示。接穗发芽成枝如图 2-35 所示。

图 2-33　套袋

图 2-34　嫁接初步成活

图 2-35　接穗发芽成枝

注意事项

1. 注意工具的使用安全，刀口不要向内对着手的方向。在操作前，应保证刀具已经消毒（高温消毒或消毒液消毒），避免传播病毒。

2. 嫁接胶带应平展缠绕，不应绞成细股。

3. 嫁接 4～5 天后，若接穗干燥、切口发黑，则说明嫁接失败。

夏季蜡梅嫩枝腹接

虽然蜡梅夏季嫩枝腹接（一种嫁接方式）的存活率不如春季枝接高，但却是近年来大力推广的一种蜡梅综合快速育苗技术。夏季嫩枝腹接有助于进行蜡梅的快速繁殖，可以做到当年播种、次年嫁接、第三年出圃壮苗，将蜡梅四五年的育苗出苗时间缩短到两年多，综合成本大大降低。同时，夏季嫁接（简称夏接）也是春季嫁接（简称春接）未成功的补救措施，春接与夏接的部位如图 2-36 所示。

图 2-36　春接与夏接的部位

操作准备

1. 准备工具和材料：准备好嫁接所需的工具和材料，如锋利的刀具、嫁接胶带等。

2. 选择接穗和砧木：挑选健康的接穗和砧木。接穗应从健康无病、品种优良的蜡梅植株上切取；砧木应是直径超过 0.6 cm 的 1 年生幼苗或幼枝。

3. 确定嫁接日期：5—6 月新枝近木质化时。

操作步骤

步骤 1　接穗的选择和处理

选用当年生的健壮嫩枝，去掉叶片。如图 2-37 所示，在枝条中段、一对饱满腋芽上方 0.5 cm 处平切去顶，向下保留 0.6 ~ 0.7 cm，并在基部一侧以 45° 切口切断下部，形成一段约 1 cm 长的接穗。再将此接穗两侧表皮浅浅地去掉，露出形成层。接穗 45° 切口断面、去皮长断面分别如图 2-38、图 2-39 所示。

图 2-37　平切去顶

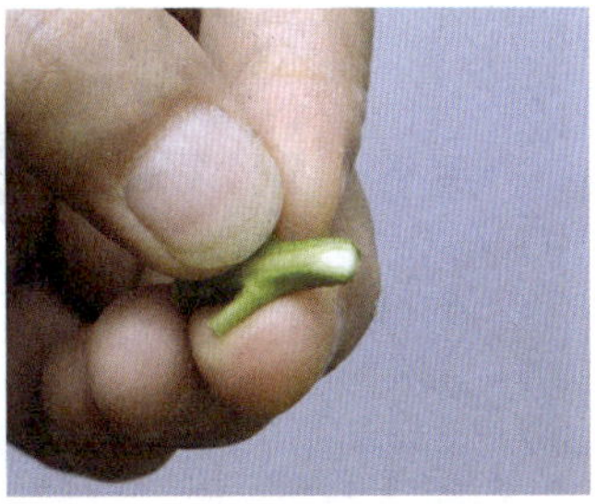

图 2-38　接穗 45° 切口断面

图 2-39　接穗去皮长断面

步骤 2　砧木的选择和处理

选择的砧木是直径超过 0.6 cm 的 1 年生幼苗，在距离基部 5 ~ 6 cm 处，削开长度在 1 cm 以上的表皮但不削断，如图 2-40 所示。

图 2-40　砧木的切削处理

步骤 3　结合绑扎

如图 2-41 所示，将接穗嵌入砧木削开的表皮中，使接穗 45° 切口断面向外，其内侧的形成层与砧木的形成层对齐、贴紧，用削开的砧木表皮包裹接穗外侧的伤口；用嫁接胶带将砧木和接穗缠绕绑扎至紧密，覆盖伤口，如图 2-42 所示。

图 2-41　接穗的嵌入

图 2-42　绑扎及其效果

步骤 4　养护管理

待 4 ~ 5 天后，观察接穗的情况。如果芽发黑，则立即换一个位置或枝条再次嫁接；如果芽未发黑，则说明此次嫁接初步成功。再过两三天就可以将该嫁接点以上的砧木枝干截掉（去顶），重点培养新芽，如图 2–43 所示。

图 2–43　嫁接成活后砧木去顶

注意事项

1. 注意工具的使用安全，刀口不要向内对着手的方向。进行操作前，应保证刀具已经消毒，避免传播病毒。

2. 嫁接胶带应平展缠绕，不应绞成细股。

3. 夏天炎热，嫁接时要做荫蔽处理。

思考题

1. 蜡梅枝接的技术要点有哪些？

2. 蜡梅嫁接优先选用哪种方式？

测试题

一、判断题（下列判断正确的请打“√”，错误的请打“×”）

1. 在嫁接过程中，砧木是提供根系的苗木，一般选用抗性强的乡土品种实生苗。（　　）

2. 接穗可以保持母本的优良性状，而实生砧木具有发达的根系，因此嫁接苗兼有营养苗和实生苗的优点。（　　）

3. 在嫁接繁殖中，同株的亲和力大于同种，同种的亲和力大于同属，同属的亲和力大于同科。（　　）

4. 植物的再生能力和愈伤能力是影响嫁接繁殖的重要条件之一。（　　）

5. 形成层的结合程度是嫁接成活的关键。（　　）

二、单项选择题（选择一个正确的答案，将相应的字母填入题内的括号中）

1. 在嫁接过程中，接穗通常是（　　）。

A. 优良品种的根　　B. 优良品种的枝或芽

C. 抗性强的实生苗乡土品种　　D. 任何品种的枝或芽

2. 夏季蜡梅嫩枝腹接的第 3 步是（　　）。

A. 接穗的选择和处理　　B. 砧木的选择和处理

C. 结合绑扎　　D. 养护管理

3. 进行蜡梅枝接时，接穗和砧木应该是（　　）。

A. 接穗粗于砧木为好　　B. 接穗细于砧木为好

C. 接穗老于砧木为好　　D. 粗细、老嫩随机选择

4. 春初蜡梅枝接的第 4 步是（　　）。

A. 接穗的选择和处理　　B. 砧木的选择和处理

C. 结合绑扎　　D. 套袋

5. 在嫁接过程中，在植株习性方面主要是看（　　）。

A. 植株的生长速度　　B. 植株的叶片颜色

C. 植株的再生能力和愈伤能力　　D. 植株的大小

测试题参考答案

一、判断题

1. √　2. √　3. √　4. √　5. √

二、单项选择题

1. B　2. C　3. B　4. D　5. C

扦插

一、扦插繁殖的特点

1. 操作简单

扦插不需要掌握复杂的技能和知识。操作时，仅需要将健康母株上的枝条切下，保留健壮芽点，去除下部叶片，插入合适的基质中，保持适宜的湿度和温度，就可以等待枝条生根（形成新植株）。即使初学者也能够很快掌握操作要点，因此应用范围极广。

2. 成本低，适合大规模生产

利用植物不停生长的枝条进行扦插成本极低，可以在短时间内处理大量枝条，非常适合大规模的商业化生产。

3. 成苗快

扦插繁殖的枝条一旦生根就成为一个独立的植株，节省了苗木茎干长高、长粗的发育过程，而且新植株生理年龄较大，没有幼年期，开花早，结果也早。

4. 性状保持良好

扦插繁殖能较好地保留母株的遗传特性，因为新植株是在母株上直接生长出来的。

这种方法保证了新植株在形态、色彩、香味等方面与母株高度相似，有助于维持品种的纯正性和一致性。

5. 生理年龄大、生命周期短

通过扦插产生的新植株生理年龄大，易开花结果也易老化，生命周期通常更短。

一般来说，能扦插就不用压条，也不用播种、嫁接。但因为蜡梅习性的原因，蜡梅扦插成活率并不高，普遍在 30% 以下。随着工作人员的不断尝试摸索，在运用激素，特别是在应用现代种植技术对光、热、水、气进行精确调控后，扦插成活率有所提高。近年来，蜡梅扦插繁殖（见图 2-44）得到进一步应用。

图 2-44　蜡梅扦插繁殖

二、促进扦插成活的方法

1. 园艺措施

（1）插穗带踵，即侧枝基部带少量老枝表皮或茎干。

（2）对插穗进行预环刻（剥、割）处理，可以使其在母株上提前形成愈伤组织。

（3）对插穗进行黄化处理，有助于促进生根。

（4）其他处理。在秋冬季节对蜡梅老枝进行催根时，可以用湿润的棉布将枝条包裹住，再将其置于 15 ℃左右的背光环境中养护 10 余天，以提高老枝的生根率。

2. 物理及化学方法

（1）用清水浸泡插穗，以漂去水溶性抑制生根物质。

（2）用草木灰涂抹插穗切口，以减少养分流失。

（3）用多菌灵、高锰酸钾溶液浸泡插穗切口，可以加快伤口的氧化，有助于杀灭细菌。这是蜡梅扦插时常用的促进成活方法。

3. 激素处理

利用生根粉或吲哚乙酸、萘乙酸等激素溶液浸泡插穗基部，是促进扦插成活的重要方法，针对蜡梅扦插效果较好。

4. 环境条件调控

愈伤组织及根系的形成需要较高浓度的氧气和适宜的温度，可以采用含有蛭石、珍珠岩等的疏松、透气、保湿基质，也可以采用喷雾和薄膜覆盖等方法保持环境潮湿，刺激插穗愈伤组织生根。对环境条件的准确调控是提高蜡梅扦插成活率的重要方法。

5. 其他方法

在冬末春初去花或盛花后，可以利用当年生枝条或 2 年生枝条，截取长 10 ~ 15 cm 的插穗，将数十支插穗一起放入黑色塑料袋或密封袋中，在 15 ℃左右的环境温度下养护 10 余天，待芽萌动后再扦插，之后可以搭塑料棚保湿，以获得较好的扦插成活率。

操作技能

蜡梅扦插

操作准备

1. 准备插床：选择排水良好、背风向阳的沙质土壤作为插床，进行深翻和消毒。

2. 准备基质：加入经过消毒的珍珠岩、蛭石等作为基质，可以选择孔径较大的穴盘。

3. 选择插穗：基本要求是生长健壮、无病虫害蜡梅嫩枝。通常选择基部萌发的近熟枝梢部作为插穗，以获得较高的成活率。

4. 准备工具和材料：准备扦插所需的工具和材料。

操作步骤

步骤 1　剪取插穗

8 月上旬至 9 月上旬取蜡梅嫩枝扦插时，选择基部萌发的近熟枝，剪取靠近梢部的一段作为插穗，如图 2–45 所示。在剪取插穗时，其上方剪口应在饱满芽上方 1 cm 处；插穗长度一般为 10 ~ 15 cm，保留 2 对芽眼，仅留上部 2 片叶；其下方剪口应在最下一节下方平切得到，因为枝节处分生组织多，有利于愈合生根。

图 2–45　插穗的剪取

步骤 2　激素处理

将插穗基部浸泡在吲哚乙酸溶液（50 ~ 100 mg/L）或专用生根粉溶液（按说明书调配）中，浸泡 20 ~ 30 min，以提高生根率，如图 2–46 所示；将经激素处理的插穗摆放整齐，每 20 枝一捆分组捆绑（方便计数和记录日期），如图 2–47 所示。

图 2–46　激素处理

图 2–47　分组捆绑插穗

步骤 3　扦插入土

将处理好的插穗插入基质中，插入深度为插穗长度的 1/3 ~ 1/2，然后轻轻压实基质，如图 2–48 所示。

图 2-48 扦插入土

步骤 4 浇水

扦插入土后适量浇水，使插穗基部和土壤充分接触，保持插床湿润。

步骤 5 遮阴

扦插后用遮阳网或采取其他措施进行遮阴，避免阳光直射插穗。插穗一般养护 20 ~ 30 天生根，如图 2-49 所示。

图 2-49 插穗生根

注意事项

1. 蜡梅扦插技术受地区环境、品种差异等因素的影响，成活率差异较大。生产企业一方面可以大胆尝试，组织员工学习新技术；另一方面可以多做实验验证，积累经验。切忌一次性盲目投入过大成本。

2. 蜡梅扦插操作具体内容可以根据季节调整。

思考题

1. 扦插繁殖的特点是什么？
2. 扦插繁殖的养护管理要点有哪些？

测试题

一、判断题（下列判断正确的请打“√”，错误的请打“×”）

1. 一般来说，能扦插就不用压条，也不用播种、嫁接。（　　）

2. 利用生根粉或吲哚乙酸、萘乙酸等激素溶液浸泡插穗基部，是促进扦插成活的重要方法。（　　）

3. 通过扦插产生的新植株生命周期更长。（　　）

4. 使插穗在母株上提前形成愈伤组织可以提高蜡梅扦插的成活率。（　　）

5. 在剪取插穗时，其上方剪口应该在饱满芽上方 5 mm 处。（　　）

二、单项选择题（选择一个正确的答案，将相应的字母填入题内的括号中）

1.（　　）不是扦插繁殖的特点。

A. 操作简单　　B. 成本低，适合大规模生产

C. 成苗快　　D. 需要掌握复杂的技能和知识

2. 扦插繁殖不能保留母株的（　　）。

A. 形态　　B. 色彩

C. 香味　　D. 根系

3. 通过扦插产生的新植株生理年龄（　　）。

A. 比母株大　　B. 比母株小

C. 与母株相同　　D. 无法确定

4. 不利于提高蜡梅扦插枝条生根率的环境条件是（　　）。

A. 适宜的温度　　B. 强烈的光照

C. 充足的氧气　　D. 较高的湿度

5. 对插床进行处理，提高蜡梅扦插成活率的正确方法是（　　）。

A. 加入营养丰富的腐殖质　　B. 加入黏土保肥保水

C. 加入珍珠岩保湿、透气　　D. 加入生根粉等激素

测试题参考答案

一、判断题

1. √　2. √　3. ×　4. √　5. ×

二、单项选择题

1. D　2. D　3. C　4. B　5. C

学习单元 4

播种

一、有性繁殖的概念

实生苗是指通过播种繁殖获得的苗木，其繁殖过程属于有性繁殖，繁殖方法简单。有性繁殖过程包括开花、传粉、受精，是由父本和母本（统称亲本）性细胞融合产生新个体的繁殖方式。有性繁殖的个体发育时间从零开始，可塑性较强，但因基因重组可能出现返祖现象，难以保持亲本的优点，当然也可能出现更突出的新品种，但概率较低。大多数蜡梅实生苗生长形成直根系，具有根系发达、生命周期长、抗性强等优点，但同时也具有开花结果晚、成苗慢、不能保持母本优良性状等缺点。

二、播种技术

低品质的狗牙蜡梅等原始品种多通过播种获得蜡梅苗，这种蜡梅苗一般作为嫁接的砧木。播种技术涉及采收、制种、储种，以及种子检测、催芽、播种和育苗等方面的技术。

1．种子工作

（1）采收。每年 7—8 月，蜡梅果实成熟（见图 2-50），标志是果托由绿色变为黄褐色，此时可以开始采集蜡梅种子。尽量采收生长健康、品种特征明显、壮龄、无病虫害的蜡梅植株果实。

果实成熟后果托近木质化，长度为 2 ~ 5 cm，直径为 1 ~ 2.5 cm，呈坛状或倒卵状椭圆形，较大，多可直接手摘。在采收过程中应注意保护母株，尽量减少母株枝叶的损伤。

图 2-50　蜡梅果实成熟

蜡梅果实可以在母株上宿存较长时间，因而可以延迟采收。如果 7—8 月天气炎热，可以在 9 月统一采收。如果在采收时正值花芽分化后期，更要注意避免伤害枝叶。

（2）制种。采收的蜡梅果实应立即接受暴晒，通常数天即可晒干。将晒干的果实果托打碎并初步筛选，去掉杂质和不良种子，可得纯净种子，如图 2-51 所示。

图 2-51　制种

（3）储种。成熟的蜡梅种子坚硬，可以将其放入由布、纸等材料制成的口袋中，并放在干燥处（普通干藏）或冰箱冷藏室（低温干藏）储藏。

2. 播种工作

（1）种子检测。使用购买的种子或进行大规模繁殖时需要做基本的种子检测，即检测种子的净度、千粒重、发芽率等指标。种子检测的目的一方面是保证品质，另一方面是便于计算播种量、完成生产量。蜡梅种子的千粒重一般在 300 g 左右。

（2）催芽。春播一般在 2—3 月进行。蜡梅种子种皮坚硬、透水性差，多用温水浸种催芽，水温宜在 40 ~ 50 ℃，充分浸泡 4 ~ 5 天（中途换水一两次）后捞出摊开，一般用湿布、湿毛巾包裹覆盖（也可以用湿沙分层埋制催芽），如图 2-52 所示。此后注意保湿，再等 7 ~ 10 天会陆续有种子开口，选择开口种子播种即可。

图 2-52　蜡梅种子催芽

（3）播种。蜡梅一般采用开沟条播的播种方式。开沟深度为 5 cm，播种行距控制在 30 cm，覆土 1 ~ 2 cm，播种后应浇透水。一般 20 天后蜡梅种子陆续发芽出苗，子叶宽大。但是蜡梅种子发芽的时间不等，部分甚至需要 3 ~ 4 个月才发芽。播种第一年蜡梅苗可长高 15 ~ 20 cm，茎径可达 5 ~ 7 mm。

也可以采用随采随播的方式。在 7—8 月采收变色、成熟的蜡梅果实，及时将种子从果托中取出，选择成熟、饱满的种子准备播种。一般将种子浸泡数小时即可播下，播后 20 余天便可出苗，当年苗可长到 10 cm 高。随采随播一般不需要催芽，因而种子发芽、出苗快。但 7—8 月天气炎热，蜡梅仅部分果实成熟，果实内也仅有部分种子成熟、饱满，因此，能够采收和播种的种子较少。

3. 育苗工作

蜡梅实生苗前期生长缓慢，3 年茎径才能超过 1 cm，多用作蜡梅嫁接的砧木。

蜡梅实生苗抗性极强，管理可以粗放一些，阳光充足、肥料适中即可。

目前，部分种植造型选用 5 ~ 6 树龄实生苗做成，在茎径达到 2.5 ~ 3 cm 时保留茎高 1.2 ~ 1.5 m 作为高杆进行嫁接，培养成小树状独杆蜡梅，以提高观赏价值和经济价值。

操作技能

蜡梅播种

蜡梅的播种时间一般在春季或秋季，当气温适宜时进行。通常在 2—3 月和 8 月底至 9 月初开展播种工作。下面以开沟条播为例介绍蜡梅播种操作。

操作准备

1. 准备种子：根据播种土地面积计算并称量适量的种子，一般每亩需要种子 3.5 ~ 5 kg。也可以根据现有种子数量，准备适当面积的苗床；还可以根据计划繁殖量准备种子和土地，一般亩产 8 000 ~ 12 000 株。然后对种子进行催芽处理。

2. 准备工具和材料：如锄头、水管等。

3. 准备土地：选择排水良好、土壤肥沃的土地。

操作步骤

步骤 1　土壤耕作

开箱做畦。苗床宽 1.2 m、长数米。整齐开沟，沟距 30 cm，沟深 5 cm。

步骤 2　播种

将处理好的种子均匀地撒在土沟表面，平均每平方米使用种子 15 ~ 20 粒，然后覆盖约 1 cm 厚的细土。

步骤 3　浇水

充分浇透土沟土壤。

步骤 4　管理

定期观察幼苗的生长情况，及时除草、松土和施肥，以促进幼苗健康地生长发育。

注意事项

1. 在播种前，应对种子进行适当的处理，最好播种开口的种子，以提高发芽率。

2. 避免将种子暴露在温度过高或过低的环境中，否则会影响发芽。

3. 若养护管理良好，蜡梅实生苗发芽率应在 80% ~ 90%，成苗率应大于 75%。

思考题

1. 总结实生苗和营养苗的优缺点。

2. 蜡梅种子催芽的要点有哪些？

测试题

一、判断题（下列判断正确的请打“√”，错误的请打“×”）

1. 实生苗是指通过播种繁殖获得的苗木，其繁殖过程属于有性繁殖。（　　）

2. 营养苗是指利用母本营养器官再生能力所形成的新个体，其繁殖过程属于有性繁殖。（　　）

3. 对种子进行催芽处理时，需要将种子浸泡在温水中 24 h，以软化种皮。（　　）

4. 蜡梅果实在树上可以长时间保留，因而可以延迟采收。（　　）

5. 可以在夏季高温时期进行蜡梅的播种。（　　）

二、单项选择题（选择一个正确的答案，将相应的字母填入题内的括号中）

1. 实生苗是通过（　　）获得的。

A. 嫁接繁殖　B. 播种繁殖　C. 压条繁殖　D. 扦插繁殖

2. 实生苗的特点是（　　）。

A. 开花、结果早　B. 能保持母本的优良性状

C. 根系发达、生命周期长、抗性强　D. 繁殖方法复杂

3.（　　）不是蜡梅的播种要求。

A. 开沟条播　B. 随采随播　C. 热水浸种　D. 春季播种

4. 进行蜡梅条播时，苗床的宽度应为（　　）m。

A. 0.8　B. 1.2　C. 1.5　D. 1.8

5. 进行蜡梅条播时，沟与沟之间的距离应为（　　）cm。

A. 10　B. 20　C. 30　D. 40

测试题参考答案

一、判断题

1. √　2. ×　3. ×　4. √　5. ×

二、单项选择题

1. B　2. C　3. C　4. B　5. C

培训任务 3

蜡梅的种植养护技巧

任务目标

了解蜡梅种植的基本知识。

掌握露地种植与盆栽种植的技术要领。

能够根据蜡梅的生长情况进行露地种植的养护管理。

能够根据盆栽种植环境进行蜡梅盆栽的养护管理。

学习单元 1

蜡梅的种植

一、蜡梅种植的基本知识

一般情况下，蜡梅在落叶期比较适合种植，但应注意避寒。一般在 3 月前后种植蜡梅，即避开 1—2 月中旬的低温时期，否则会损伤根部导致枯枝。

成株的蜡梅不适合经常移栽，所以在定植前一定要选好地点。若不得不移栽，需要先整根（切断除主根之外的旁根，主根吸收水分和养分会重新长出须根），新的须根生长 1 年左右才能进行移栽。

蜡梅喜光且喜排水良好的土壤，如果土壤排水情况不理想，可以将植株周围的土壤稍微堆高，堆成山形地势。

二、蜡梅露地种植

蜡梅是冬季赏花的理想花木，广泛应用于城乡园林建设中，常以露地种植的形式出现在人们的视野中。蜡梅露地种植的具体形式主要有以下两种。一是片状种植，这种形式具有面积大、品种多、花期长等特点，能够打造含有多种蜡梅品种的农业观光园。二是混栽种植，即将蜡梅、鸡爪槭、黄杨、月季、牡丹、紫叶李等树种混栽，构成不同层次、不同树种的乔灌混合种植配置，高低相配、错落有致，打造多彩多姿的长花期花坛。

蜡梅露地种植的步骤具体如下。

第一步，挖种植坑（见图 3-1），其大小为树苗根系土球的 1.5 倍左右，通常将腐叶土、成熟堆肥作为底肥。

图 3-1 挖种植坑

第二步，对蜡梅苗进行检查，剪去土球上的塑料绳索（土球解缚），如图 3-2 所示；然后修剪已经腐烂、干枯的根（修根），如图 3-3 所示，留下健康的根系，保证其根部功能尽快恢复。

图 3-2 土球解缚

图 3-3 修根

第三步，去掉土球的部分原土，如图 3-4 所示，以使新根尽快适应新土壤；将刚刚挖出来的表层熟土填回坑内，并确定蜡梅苗的种植深度，如图 3-5 所示。

第四步，浇透定根水（第一次浇的水俗称定根水）并填平种植坑，如图 3-6 所示。在北方种植蜡梅时，最好先用土壤围一个低洼的集水圈再浇水，这样可以保证定根水浇透浇够。

图 3-4　去掉部分原土

图 3-5　加土确定种植深度

图 3-6　浇透定根水并填平种植坑

第五步，对蜡梅枝条进行粗略修剪，如图 3-7 所示，并剪去部分叶片，如图 3-8 所示，以满足植株的水分平衡，提高存活率。

三、蜡梅盆栽种植

蜡梅除了可以在露地种植，还可以在容器中种植（称为盆栽种植，又称容器种植）。在将蜡梅从露地种植调整为盆栽种植的过程中，可以使用种植袋（又称美植袋）过渡。

无论使用何种容器种植蜡梅，都需要配制营养土。根据蜡梅对土壤营养的需求，结合盆栽的特点，可以选用腐叶土、园土、粗沙按照 5∶2∶3 的比例混合配制营养土。当然，也可以根据本地资源情况微调。配制营养土时还可以适量添加有机肥料，以增

图 3–7 粗略修剪枝条

图 3–8 修剪部分叶片

加养分。为了减少营养土所带的病菌，在按比例调配出营养土后，还应该采用暴晒与药剂（如多菌灵可湿性粉剂）消毒的方法对营养土进行消毒杀菌。因为蜡梅是喜酸植物，所以还要检测营养土的酸碱性，评估其 pH 值是否在适宜蜡梅生长的范围内。总之，营养土既要满足蜡梅对养分和透气性的需求，又要经济实惠，通常利用本地资源来降低生产成本。

在蜡梅盆栽的种植初期多使用种植袋，如图 3–9 所示。种植袋具有成本低、坚固耐用、通透性强等特点。在种植后期可以换成高颜值的陶盆，以便于在室内外各类场所摆放观赏，同时方便移动运输，还有利于加工成具有高附加值的蜡梅盆景。

图 3–9 使用种植袋的蜡梅盆栽

蜡梅盆栽种植的步骤具体如下。

图 3-10　紫砂陶盆

第一步，选择合适的容器。使用种植袋过渡的蜡梅苗，后期可以用紫砂陶盆（见图 3-10）来定植。一般根据苗木大小选择花盆的规格与款式。通常花盆比蜡梅根系约大 2 倍。

第二步，处理花盆。先将瓦砾或纱网等铺盖在盆底排水口处（垫盆），如图 3-11 所示；然后加一层沙砾土，如图 3-12 所示，以满足蜡梅盆栽的透气性要求。种植蜡梅盆栽时最好使用精心配制的营养土，以保证蜡梅在花盆中能获得足够的养分。

图 3-11　垫盆

图 3-12　加一层沙砾土

第三步，整理蜡梅苗（见图 3-13）。将蜡梅苗的土球解缚，去掉部分土球原土，修剪部分枝叶与枯根。

图 3-13　整理蜡梅苗

第四步，上盆。将蜡梅苗带土球种植在紫砂陶盆中，使其根系与营养土紧密接触，促进新根发出。在确定种植高度后，加土捣实，如图 3–14 所示，并留出 2 ~ 3 cm 的盆口高度，如图 3–15 所示。然后，浇足够的定根水。

图 3–14　加土捣实

图 3–15　留出 2 ~ 3 cm 的盆口高度

操作技能

蜡梅露地种植

按照蜡梅露地种植技术要求，由两位学员合作完成 5 株蜡梅苗的露地种植。

操作准备

1. 准备 5 株以上的健康蜡梅苗，以及露地种植的场地。
2. 准备工具和材料，如锄头、修枝剪、花铲、喷壶等。

操作步骤

步骤 1　根据蜡梅苗的土球大小，用锄头挖出种植坑，其大小约为土球的 1.5 倍。

步骤 2　在种植坑中垫好底肥，再加一层 2 ~ 3 cm 深的园地土壤。

步骤 3　一人扶正蜡梅苗，另一人用花铲将土壤铲进种植坑中，一边加土，一边将土压实。

步骤 4　将土堆到蜡梅苗的根茎，在蜡梅苗周围堆起种植围堰，便于后期浇水。

步骤 5　用喷壶对新种植的蜡梅苗浇水，水一定要浇透浇够。

步骤 6　为蜡梅苗挂牌，记录种植人与种植时间、品种。

注意事项

1. 在种植时不要忘记进行土球解缚。
2. 种植深度应能使土壤盖过蜡梅苗的根茎。
3. 在使用工具时应注意操作距离，注意使用安全。

蜡梅盆栽种植

操作准备

1. 准备培养基质和花盆。
2. 准备工具和材料，如花铲、喷壶、石块、木棍、修枝剪等。

操作步骤

步骤 1 根据蜡梅苗的大小选定花盆，并对花盆进行简单清洁。

步骤 2 用瓦片或石块等将盆孔垫上，然后加一层配制好的营养土。

步骤 3 一只手扶正苗木，另一只手加土，一边加土，一边用木棍将土捣实，保证蜡梅苗的根茎略高于盆口。

步骤 4 将营养土加到距离盆口边缘 3 cm 左右为宜，然后对苗木进行修枝与摘叶。

步骤 5 用喷壶浇透定根水，对新栽的蜡梅苗挂牌，将其摆放到半阴的地方养护。

注意事项

1. 在使用修枝剪时应注意安全，防止夹压手指。
2. 上完盆后，应清洁工作环境。
3. 注意上盆品种的标记。

思考题

1. 若在配制营养土时发现营养土显碱性，该如何调节营养土的酸碱性？
2. 在移植蜡梅苗时，去掉部分枝叶的目的是什么？

测试题

一、判断题（下列判断正确的请打“√”，错误的请打“×”）

1. 蜡梅盆栽的养护需要多浇水，以免植物缺水。 （　　）

2. 可以随时移植蜡梅，移植次数越多，蜡梅长势越好。 ( )

3. 蜡梅是夏季赏花的理想花木，广泛应用于城乡园林建设中。 ( )

4. 蜡梅喜欢中性土壤环境，在配制营养土时，有必要让营养土显中性。 ( )

5. 营养土消毒一般采用暴晒与药剂（如多菌灵可湿性粉剂）消毒结合的方法来进行。 ( )

二、单项选择题（选择一个正确的答案，将相应的字母填入题内的括号中）

1. 蜡梅偏好排水良好的土壤，对营养土的错误处理方法是（ ）。

A. 适量添加有机肥料　　B. 暴晒消毒

C. 测定营养土的酸碱性　　D. 全部使用腐殖土

2. 根据蜡梅对土壤营养的需求，结合盆栽的特点，不能选作基质的是（ ）。

A. 腐叶土　　B. 园土　　C. 石灰　　D. 粗沙

3. 在种植蜡梅盆栽时，错误的操作是（ ）。

A. 对蜡梅苗进行检查，评估其是否健康

B. 剪去土球上的塑料绳索

C. 修剪已经腐烂、干枯的根

D. 种植后立即施肥

4. 在蜡梅盆栽的种植过程中，留下 2 ~ 3 cm 盆口高度的目的是（ ）。

A. 节约营养土　　B. 减少劳动量

C. 便于浇透水　　D. 降低盆栽成本

5. 一般花盆底部都有一个洞，进行蜡梅盆栽种植时，对其描述不正确的是（ ）。

A. 可用瓦片遮盖　　B. 不用处理

C. 可用纱网遮盖　　D. 可用石块遮盖

测试题参考答案

一、判断题

1. ×　2. ×　3. ×　4. ×　5. √

二、单项选择题

1. D　2. C　3. D　4. C　5. B

学习单元 2

蜡梅露地种植的养护管理

一、土壤管理

蜡梅喜疏松、肥沃、排水良好的中性或微酸性沙质土壤，忌黏土和盐碱土，忌水湿，宜种在向阳、避风处。在进行蜡梅露地种植时，应当选择向阳的坡地。土壤管理的第一步是整地，基本要求是全面深翻，捣碎土块，清除杂物，最好晾晒一周左右。整地前可施加足量的腐熟基肥作为底肥，并用杀菌剂（如多菌灵可湿性粉剂或五氯硝基苯）消毒。在北方土壤偏碱性的蜡梅种植区，可于春、夏两季选施一些偏酸性肥料，以调节土壤的 pH 值。蜡梅怕涝，若种在平地，整地后可起垄种植并开排水沟，防止在雨季因积水而导致蜡梅烂根。

二、温度与光照调节

蜡梅喜光、耐半阴、较耐寒，适宜的生长温度为 15 ~ 25 ℃，越冬温度不宜低于 –15 ℃。如果蜡梅在花期遇到 –10 ℃以下的低温，花朵会遭受冻害。蜡梅较耐高温，在 40 ℃的环境温度下也能生长。在光照不足的地方，蜡梅分枝稀疏，枝干细弱且徒长，叶子易变黄掉落，如图 3–16 所示。在冬季蜡梅开花前，如果植株缺乏光照，花芽分化就会受阻，无法正常孕蕾开花。在光照充足的地方，蜡梅枝繁叶茂，生长健康，如图 3–17 所示。

图 3-16　光照不足的蜡梅

图 3-17　光照充足的蜡梅

三、浇水管理

蜡梅耐旱怕涝，浇水应坚持“不干不浇，浇则浇透”的原则。在蜡梅的生长旺季宜每天浇水，在高温季节宜多浇水，在下雨天宜及时排水。如果土壤过于潮湿，蜡梅植株生长不良，将会影响花芽分化。通常初冬前浇一次水，花谢后施一次肥并浇一次水，冬季平时一般不浇水，只在空气过于干燥时适量浇水。

四、施肥管理

蜡梅喜肥，适时施肥能促进花芽分化，使蜡梅花朵大而多、香味浓。开春蜡梅萌芽后应及时追施一次速效水溶肥，促进春梢生长。在生长前期以氮肥为主，可在春季施 2 ~ 3 次展叶肥。在生长后期以磷肥、钾肥为主，氮肥少施（磷肥、钾肥、氮肥的比例为 2∶1∶0.5），避免枝叶徒长。一般在 6—9 月，每隔 20 天左右施 1 次液肥。在 7—8 月蜡梅花芽形成期施肥有助于花芽分化，应每隔 15 ~ 20 天施一次稀薄淡肥，肥与水的比例为 1∶5。入冬后通常不再施肥。

五、修剪管理

蜡梅发枝力强，素有“蜡梅不缺枝”的谚语，通过适时修剪可以使其萌发更多的强壮枝条，有助于多开花。一般在花谢之后、发叶之前适时修剪，以加强通风、透光为主。

蜡梅的修剪主要分为生长期修剪（春、夏季修剪）与休眠期修剪（冬季修剪）。在春、夏季进行以短截徒长枝为主的修剪，主要目的是控制营养生长向生殖生长过渡，以利于多开花、开好花。修剪前，要考虑 1 年生枝中短枝与中长枝的比例，以有利于花枝的形成。在修剪过程中宜采取轻短截的方式，对于生长旺盛的枝条需要在基部留 3 对芽，以便形成 2 年生花枝。在冬季多进行轻度修剪，目的是剪除病虫枝、交叉枝等，以整形为主。

1. 生长期修剪

生长期修剪主要包括抹芽、摘心、疏枝。

（1）抹芽。抹芽是指将枝条上萌发的腋芽去除，限制枝条的增加和过多花蕾的萌发，使留下的花蕾充实、大而艳丽。一般在 3 月中旬，蜡梅新芽萌发 3 ~ 5 cm 时，对多余嫩芽进行抹除，以减少养分消耗。

（2）摘心。摘心是指对当年萌发的新枝去除顶尖。摘心可以控制枝条的生长，有利于枝条长粗，加速果实发育。

5—6 月，当新梢长至 20 cm 左右时，可对其进行摘心处理，如图 3–18 所示。在摘心 15 天以后，新梢顶端会抽生 2 个对生的二次枝，可选择方向好、枝条健壮的那一个留用，疏除另一个。抽生的二次枝一般能够形成数量较多的花芽，有利于冬季多开花、开好花。

图 3–18　摘心

（3）疏枝。疏枝是指在植株枝条过密时，从分枝点的基部疏掉一部分枝条。疏枝的对象是交叉枝、平行枝、内向枝（见图 3–19a）、病虫枝（见图 3–19b）、衰老枝（见图 3–19c）。疏枝对全树枝条起削弱作用，但能促使树冠张开。

通常在 7—9 月将长出的一些内向枝、病虫枝、密集无用枝适当疏掉，让树体通风透光，加强光合作用。为了使树体能有效吸收营养物质，疏剪蘖生枝的工作应贯穿整个生长期，如图 3–20 所示。

图 3-19　疏枝对象

a）内向枝　b）病虫枝　c）衰老枝

图 3-20　疏剪蘖生枝

2. 休眠期修剪

休眠期修剪可以分为花前修剪和花后修剪。在园林植物修剪中，对于花灌木一般进行花后修剪。但是蜡梅常在花谢前萌芽，因此，对于蜡梅可以适当提前修剪，适量的花前修剪比较符合蜡梅的实际生长情况。

花前修剪一般在落叶后、花芽膨大前进行。首先，疏除枯枝、病虫枝和过密的枝条，可间隔疏除一些无花枝。对于一些徒长的长枝，可以在其基部留 3 对叶芽，剪去上部无花芽部分。

花后修剪一般在花谢掉 80% 时进行，此时主要任务是疏去开花的衰老枝，回缩衰弱的主枝或枝组，以达到复壮树势的目的。操作时要疏除一些过密的花枝，同时短截 1 年生枝，对于弱枝可以留 1 对芽或疏除，对于强壮花枝可以留 3 对芽后进行短截。对于较大的剪口，要涂抹愈合剂加以保护。

六、病虫害防治

蜡梅病虫害较少，常见的有以下几种。

1．病害

（1）炭疽病。炭疽病多发生在叶尖和叶缘处（见图 3–21），病斑近椭圆形、呈淡红色至灰白色，病斑边缘加深为红褐色或褐色，病斑上散生黑色小点，病斑易破裂。蜡梅炭疽病的病原菌是一种盘长孢菌。

防治方法：及时清除枯枝病叶并集中销毁，避免健康枝叶被侵染。在发病期可以喷施 50% 炭疽福美 500 倍液，或 50% 多菌灵可湿性粉剂 1 000 倍液，或 45% 代森铵 800 倍液。每隔 10 ~ 15 天喷施 1 次，连续喷施 3 ~ 4 次。

（2）叶斑病。叶斑病（见图 3–22）的病斑起初为圆形、呈褐色，随后逐渐扩大为不规则形状，病斑中央逐渐变为浅褐色或灰白色，后期病斑中有小黑点出现。高温、高湿的环境易诱发蜡梅叶斑病。蜡梅叶斑病是由一种大茎点霉属的真菌侵染导致的。

图 3–21　炭疽病

图 3–22　叶斑病示意图

防治方法：清除病落叶并集中销毁，减少侵染源。植株发病严重时可喷施 50% 多菌灵可湿性粉剂 1 000 倍液。

（3）黑斑病。黑斑病（见图 3–23）的病斑近似圆形或相互融合呈不规则形状，初为褐色，后中央逐渐褪为近白色但边缘仍为褐色如图 3–23 所示。病斑两面着生稀散的暗褐色霉丛，且表面的更多。蜡梅黑斑病是真菌病害，病原菌为洋蜡梅链格孢子菌，该病原菌在病落叶上越冬。

防治方法：清除病落叶并集中销毁，减少侵染源。植株发病严重时可喷施 50% 多菌灵可湿性粉剂 1 000 倍液。

图 3–23　黑斑病示意图

（4）白纹羽病。白纹羽病主要发生在蜡梅的根基和根茎。

发病初期，病部表皮组织浮肿、松软，出现近圆形的褐色病斑；中期，病部开始呈水渍状腐烂，深达木质部，并有黄褐色汁液渗出；后期，病部组织干缩、纵裂，木质部枯朽。病部表面有柔嫩的根状菌索缠绕，初为白色，后变为灰褐色或棕褐色。

防治方法：加强管理，增施有机肥，改良土壤，控制浇水，防止积水受涝。及时清除植株旁边的异物（杂草、枯叶等），发现病斑时及时刮除，对于病部可涂抹 70% 酒精进行消毒。

2. 虫害

蚜虫（见图 3-24）常群聚在嫩梢、叶片、花蕾上吸食汁液，导致蜡梅叶片变形或卷曲。蚧壳虫的若虫、成虫群聚在叶芽、枝条上为害，导致蜡梅叶片发黄，严重时造成落叶或枝梢枯萎。刺蛾的幼虫（见图 3-25）咬食叶片，使其呈缺刻状或空洞状；当虫口密度较大时，刺蛾的幼虫可将整株蜡梅的叶片吃光。卷叶蛾的幼虫（见图 3-26）取食新芽、嫩叶和花蕾，常吐丝缀叶，潜居于其中。

防治方法：可用 50% 辛硫磷乳油 1 000 倍液或 50% 杀螟松乳剂 1 000 倍液等喷杀害虫。

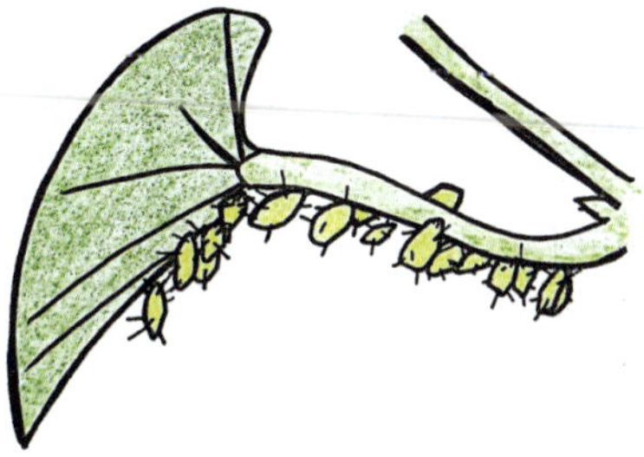

图 3-24　蚜虫示意图

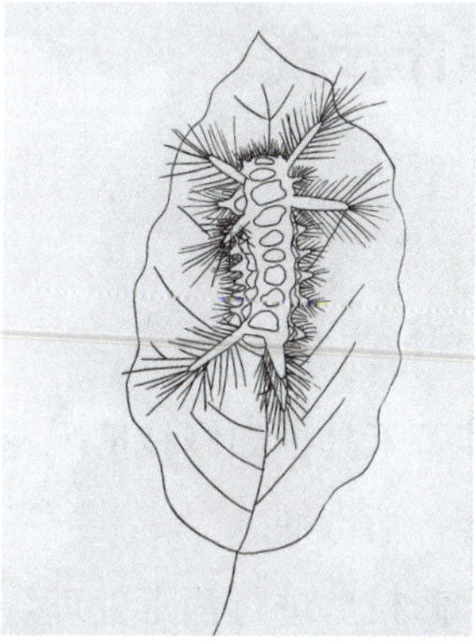

图 3-25　刺蛾的幼虫示意图

图 3-26　卷叶蛾的幼虫示意图

危害蜡梅的木蠹蛾主要有六星黑点木蠹蛾（见图 3–27）、咖啡木蠹蛾（见图 3–28）。其危害特点是：初孵化的幼虫从新梢上部蛀入，致使新梢很快枯死。

防治方法：可在初孵幼虫未蛀入枝条之前，喷施 50% 杀螟松 1 000 倍液；对于已蛀入枝条的幼虫，可将小棉球蘸取 80% 敌敌畏乳油塞入虫孔，然后用黏性泥土将虫孔封严，进行熏杀。

图 3–27　六星黑点木蠹蛾示意图

图 3–28　咖啡木蠹蛾示意图

操作技能

露地种植蜡梅生长期修剪

操作准备

1. 准备工具，如修枝剪、花铲、锄头、垃圾袋等。
2. 准备消毒剂。
3. 对修枝剪进行消毒处理。

操作步骤

步骤 1　修剪根部的蘖生枝和新芽。

步骤 2　修剪主干上向内生长的瘦弱枝条和过密的新枝条。

步骤 3　对明显徒长枝或过长枝进行摘心、短截处理。

步骤 4　对交叉枝、内向枝、病虫枝、枯枝等进行疏剪。

步骤 5　对蜡梅植株周边的杂草、杂树进行清理。

注意事项

1. 在使用修枝剪时注意安全，防止夹压手指。

2. 修剪完后，注意清洁工作环境，将修剪下来的枝条与杂草收集在垃圾袋中，集中处理。

露地种植蜡梅休眠期修剪

操作准备

1. 准备工具，如修枝剪、花铲、锄头、垃圾袋等。
2. 准备消毒剂。
3. 对修枝剪进行消毒处理。
4. 确定修剪时间，一般在花谢 80% 后开始修剪。

操作步骤

步骤 1 对各级分枝进行短截，保证树冠造型适宜，注意剪口的芽点位置。

步骤 2 修剪徒长枝、老弱枝、过密枝条以及残花病叶。

步骤 3 收集剪下来的枝条与病叶。

注意事项

1. 在使用修枝剪时注意安全，防止夹压手指。
2. 修剪完后，注意清洁工作环境，将修剪下来的枝条与杂草收集在垃圾袋中，集中处理。

思考题

1. 疏枝对树体起什么作用？
2. 针对蜡梅的常见病虫害，可以采取哪些常规防治措施？

测试题

一、判断题（下列判断正确的请打“√”，错误的请打“×”）

1. 蜡梅喜欢在疏松、肥沃、排水良好且富含腐殖质的微碱性土壤中生长，这种土壤能促进根系发育，使根系发达、健壮。（　　）

2. 盲目浇水容易导致蜡梅烂根，根系一旦腐烂整个植株就会渐渐枯萎、失去活力，因而应重视蜡梅的浇水管理工作。（　　）

3. 在春、秋两季可以每隔 3 天左右浇一次水，让土壤一直处于微湿润的状态，以更好地促进植株生长。（　　）

4. 蜡梅喜阴，在背光的地方长势良好、花朵多姿。（　　）

5. 科学施肥能促进蜡梅生长、促其开花，在生长后期，施肥应以氮肥为主、磷肥钾肥为辅。（　　）

二、单项选择题（选择一个正确的答案，将相应的字母填入题内的括号中）

1. 将蜡梅过密枝条从分枝点的基部剪去的修剪方法称为（　　）。

A. 短截　B. 疏枝　C. 刻芽　D. 缓放

2. 为害植物后，受害部位出现变形、卷曲等症状的害虫是（　　）。

A. 蚜虫　B. 蛾类幼虫　C. 金龟子　D. 天牛

3.（　　）不是蜡梅黑斑病的防治方法。

A. 喷施 50% 多菌灵可湿性粉剂 1 000 倍液

B. 清除病落叶

C. 集中销毁病落叶，减少侵染源

D. 喷施 10% 吡虫啉 800 倍液

4. 摘心的主要目的是（　　）。

A. 控制枝条的生长　B. 减少枝条的数量

C. 使枝条变得更长　D. 加强植株通风、透光

5.（　　）不是植袋种的优点。

A. 成本低　B. 坚固耐用　C. 通透性强　D. 颜值高

测试题参考答案

一、判断题

1. ×　2. √　3. ×　4. ×　5. ×

二、单项选择题

1. B　2. A　3. D　4. A　5. D

学习单元 3

蜡梅盆栽种植的养护管理

一、容器选择

可以选择陶盆、瓦盆、木盆来种植蜡梅，这几种花盆的透气性较好。釉盆、瓷盆加工精细，种类、规格繁多，样式考究，但其保水能力较强、透气性较差，不适宜种植蜡梅；塑料盆的优点是美观、轻便、耐用，且价格低廉，但不透水、不透气，同样不适宜种植蜡梅。在经济条件允许的情况下，最适宜用作蜡梅盆栽用盆的是紫砂陶盆。

二、土壤选择

蜡梅盆栽喜欢疏松、肥沃的土壤，且要保持良好的排水性和透气性。进行蜡梅盆栽种植时，一般自行配制营养土，常用腐叶土、泥炭土、园土、珍珠岩等配制营养土，也可以结合当地资源情况使用低廉优质的堆肥、风化土等配制营养土。自制营养土可以降低蜡梅种植成本。营养土中各种组分的比例，以满足蜡梅喜肥、透气的习性为宜。在实际生产中，还可以在基质中添加少许复合肥，以增加营养土的养分。

三、浇水管理

蜡梅盆栽由于盆土有限，盆土易干也易湿，浇水不当会影响蜡梅的生长。故千万不能让盆中积水，以免出现烂根、叶片枯黄的情况。

给蜡梅盆栽浇水要遵循不干不浇、浇则浇透的原则。在浇水之前需要观察土壤，如果土壤干燥可以适当浇水。一般在夏季可以每天浇一次水，且以早上或傍晚为宜。冬季可以每周浇一次水，较冷的时候停止浇水。

判断盆土的干燥程度可以一看、二听、三感触。一看，用眼睛观察盆土表面颜色，呈黑褐色时一般不需要浇水，呈灰白色时则需要浇水。同时，观察蜡梅有无叶子卷曲、叶片叶柄下垂或变萎，甚至落花、落果等情况。二听，用手敲击花盆的上中部，如果发出比较清脆的声音，则表示盆土已干，需要浇水；如果发出沉闷的浊音，则表示盆土潮湿，暂不需要浇水。三感触，将木棍轻轻插入盆土中部，然后拔出，如果感觉带出的土壤干燥、粗糙、坚硬，则表示盆土已干，需要立即浇水；如果感觉带出的土壤潮湿、松软，则表示盆土湿润，暂不需要浇水。

如果浇水过于频繁，会导致蜡梅盆栽因根部积水、缺氧而腐烂。当蜡梅盆栽积水烂根时，可以分情况进行处理：如果只是轻微烂根、落叶落蕾，大部分叶片仍然比较健康，则是浇水过多、盆土太湿所致，那么可以将植株脱盆，放在通风、阴凉的地方，待土变干再装回花盆即可；如果烂根比较严重，植株持续萎蔫无法恢复，那么就将植株脱盆后剪掉烂根，先将留存的根部放在多菌灵溶液或者高锰酸钾溶液中浸泡杀菌，再晾干重新定植即可。

四、施肥管理

蜡梅生长需要充足的养分，每个月可以施一次稀薄的液肥。等到枝条长到 20 cm 长时就要减少施肥。在夏末和初秋可以追肥 2 次，以促进蜡梅的花芽分化。

蜡梅喜肥，尤其是在开花期，需要及时追肥。施肥以磷肥、钾肥为主，氮肥少施。施肥时应遵循薄肥勤施的原则。

五、修剪管理

在蜡梅盆栽花谢、发叶之前，可以修剪枯枝、病虫枝、交叉枝以及过密枝条，茎干底部杂乱的枝条也要剪掉，以便固定盆栽形状，提高美观程度。蜡梅生长力强，蜡梅盆栽具有根际萌生分枝多的特点，几经修剪即能形成奇特树形，故大多培育成桩头观赏效果较好的树桩盆景。

六、翻盆管理

蜡梅盆栽宜每隔 1 ~ 2 年翻一次盆，时间以冬末春初花谢后为宜。翻盆前可先摘去已萌发的芽，大约过 5 天后，隐芽萌动膨大时再移植。翻盆时去掉 1/3 的旧土，剪去烂根、枯根，修除过长的老根，换以冻熟的塘泥或富含腐殖质的腐叶土，并掺拌适量的砻糠灰和沙土。

操作技能

浇　水

操作准备

1. 选择需要浇水的蜡梅盆栽。
2. 准备工具，如木棍、喷壶、垃圾袋等。

操作步骤

步骤 1　通过一看、二听、三感触，判断盆土是否缺水。

步骤 2　根据盆土是否板结，选择喷淋法或浸盆法浇水。浇水必须浇透，以盆底有水渗出为宜。

步骤 3　清洁花盆及花盆外的泥土，保持环境整洁。

注意事项

1. 在浇水时要小水慢浇，要有耐心，切忌漏浇。
2. 清洁环境卫生时，应将泥土与杂物装进垃圾袋。

翻　盆

操作准备

1. 挑选长势孱弱的蜡梅盆栽。
2. 准备工具和材料，如新盆、剪刀、垃圾袋等。
3. 准备药剂如多菌灵可湿性粉剂等。
4. 准备新的营养土和肥料。

操作步骤

步骤 1　在新盆底部铺一层透水而不易阻塞水孔的碎石或颗粒状泡沫，保证盆底排水畅通，避免根部积水。

步骤 2 在新的营养土中拌入适量的基肥，推荐使用鸡粪或者复合缓释肥，这样可以为蜡梅盆栽提供均衡的养分。

步骤 3 将旧盆中的植株轻轻取出，用剪刀修剪病弱根部，并在伤口处涂抹适量的多菌灵溶液以防病菌感染。

步骤 4 将处理好的植株稳妥地放在新盆中，然后缓缓填入新土，一边填一边轻轻拍打盆壁，以确保新土填充紧密。

步骤 5 翻盆后的蜡梅盆栽宜置于阴凉、通风处，初期不宜直晒阳光，同时避免大量浇水，待植株适应新环境后再逐渐恢复正常养护管理。

注意事项

1. 操作时注意工具的使用安全。
2. 在翻盆时尽量不破坏旧盆。
3. 操作后应清洁环境卫生，将泥土与杂物装进垃圾袋，保持环境整洁。

思考题

1. 将蜡梅植入花盆后，为了提高蜡梅的观赏价值，可以做成蜡梅盆景，那么，适合蜡梅盆景的造型有哪些？
2. 在蜡梅盆栽的种植过程中，哪些是影响蜡梅健康生长的关键因素？

测试题

一、判断题（下列判断正确的请打“√”，错误的请打“×”）

1. 蜡梅生长力强，适当修剪蜡梅盆栽，可培育成桩头观赏效果较好的树桩盆景。（ ）
2. 蜡梅盆栽宜每隔 5～8 年翻一次盆，时间以冬末春初花谢后为宜。（ ）
3. 翻盆时去掉全部的旧土，剪去烂根、枯根，修除过长的老根。（ ）
4. 蜡梅喜肥，尤其是在开花期，需要及时追肥，所以应该浓肥勤施。（ ）
5. 釉盆、瓷盆加工精细，种类、规格繁多，样式十分考究，且其保水能力较强、透气性较好，适宜种植蜡梅。（ ）

二、单项选择题（选择一个正确的答案，将相应的字母填入题内的括号中）

1. 盆土干燥缺水时不具有的特征是（ ）。

A. 盆土表面呈黑褐色　　B. 盆土表面呈灰白色

C. 叶片叶柄下垂、变萎　　　　D. 用手敲击花盆上中部，声音清脆

2. 从有利于蜡梅生长角度来考虑，较好的种植容器是（　　）。

A. 瓦盆　　B. 瓷盆　　C. 塑料盆　　D. 铁盆

3. 如果烂根比较严重，蜡梅持续萎蔫无法恢复，错误的处理方法是（　　）。

A. 将植株脱盆　　　　B. 剪掉烂根

C. 将根部浸泡杀菌　　　　D. 放到荫棚养护

4. 蜡梅喜肥，尤其是在开花期，需要及时追肥，主要施加（　　）。

A. 磷肥　　B. 氮肥　　C. 有机肥　　D. 复合肥

5. 最适宜用作盆景用盆的是（　　）。

A. 釉盆　　B. 紫砂陶盆　　C. 大理石盆　　D. 塑料盆

测试题参考答案

一、判断题

1. √　　2. ×　　3. ×　　4. ×　　5. ×

二、单项选择题

1. A　　2. A　　3. D　　4. A　　5. B

附录 1　静观蜡梅种苗繁育专项职业能力考核规范

一、定义

运用相关技能对静观蜡梅苗选优选苗，通过压条（主要选用高空压条）等方式，繁育优良种苗的能力。

二、适用对象

运用或准备运用静观蜡梅种苗繁育能力求职、就业的人员。

三、能力标准与鉴定内容

能力名称：静观蜡梅种苗繁育　　　　　　　　　职业领域：园林绿化工

工作任务	操作规范	相关知识	考核比重
（一） 选择枝条	能选择直径、成熟度适合，生长状态良好的枝条	1. 蜡梅形态学知识 2. 蜡梅习性知识	10%
（二） 处理枝条	1. 能正确选择枝条的适宜部位进行环剥 2. 能按要求宽度环剥枝条 3. 能按标准深度环剥枝条 4. 能充分利用较长枝条环剥多处，间距在 30 cm 以上	1. 蜡梅生理知识 2. 压条技术知识 3. 可以使用高空压条专用球形容器	50%
（三） 包裹土团	1. 能在正确位置包裹塑料薄膜（或塑料瓶、专用套袋） 2. 能按标准要求填充大小适合的土团覆盖切口，套袋后两头扎紧 3. 能适当浇水	1. 高空压条技术 2. 营养土配制	20%
（四） 养护管理压条枝	能随时观察，土团过干时可浇水，塑料薄膜破损时要补救	高空压条管理技术	10%
（五） 分栽育苗	能知道分栽压条苗的时间、方法，和苗期养护方法	压条苗养护技术	10%

四、鉴定要求

（一）申报条件

达到法定劳动年龄，具有相应技能的劳动者均可申报。

（二）考评员构成

考评员应具备蜡梅种苗繁育操作技能，具有蜡梅种苗繁育从业经验或者职业能力考评经验。每个考评组中不少于 3 名考评员。

（三）鉴定方式与鉴定时间

技能操作考核采取实际操作考核和口述的方式。技能操作考核时间不少于 30 min。每位考生要求完成高空压条 3 ~ 5 株。

（四）鉴定场地与设备要求

考场面积不小于 60 m^2，部分考试需要在田间进行，操作台面积为 4 m^2；场地光线充足、整洁无干扰、空气流通性好，具备安全防火措施。工具和材料主要包括（单人）：适合高空压条的田间或盆栽苗木，少量营养土，修枝剪 1 把，刀具 1 套，套袋 1 份，绳索 1 根，浇水工具 1 套。

附录2　静观蜡梅种苗繁育专项职业能力培训课程规范

培训任务	学习单元	培训重点难点	参考学时
（一） 蜡梅的基本知识	1. 蜡梅的特征与习性	重点：蜡梅习性 难点：蜡梅生长观察	8
	2. 蜡梅的品种分类	重点：蜡梅品种分类标准 难点：蜡梅品种识别	
（二） 蜡梅的种苗繁育技术	1. 压条	重点：蜡梅压条繁殖方法 难点：蜡梅压条繁殖操作	20
	2. 嫁接	重点：蜡梅嫁接繁殖方法 难点：蜡梅嫁接繁殖操作	
	3. 扦插	重点：蜡梅扦插繁殖方法 难点：蜡梅扦插繁殖操作	
	4. 播种	重点：种子工作 难点：蜡梅播种技术	
（三） 蜡梅的种植养护技巧	1. 蜡梅的种植	重点：蜡梅种植类型 难点：蜡梅种植步骤	12
	2. 蜡梅露地种植的养护管理	重点：蜡梅露地种植的养护管理 难点：蜡梅露地种植的养护技巧	
	3. 蜡梅盆栽种植的养护管理	重点：蜡梅盆栽种植的养护管理 难点：蜡梅盆栽种植的养护技巧	
总学时			40

注：参考学时是培训机构开展的理论教学及实操教学的建议学时，包括岗位实习、现场观摩、自学自练等环节的学时。